LE

MENUISIER

PRATIQUE

Corbeil. — Typ. et Stér. Crété.

LE MENUISIER PRATIQUE

CONTENANT LA MANIÈRE DE DÉBITER LES BOIS
DES MODÈLES D'OUTILS PERFECTIONNÉS
UN TRAITÉ
du chantournage, des assemblages, des joints, des travaux ordinaires et courants

DES MODÈLES
POUR ÉVALUER LES TRAVAUX DE MENUISERIE
et en dresser les Mémoires

PAR

ET. LANOA ET **DELAMARRE**
Architecte — Menuisier

PARIS
THÉODORE LEFÈVRE, ÉDITEUR
RUE DES POITEVINS

LE

MENUISIER PRATIQUE

INSTRUCTIONS PRÉLIMINAIRES

En publiant cet ouvrage, notre but a été de rassembler les documents nécessaires à la compréhension des connaissances indispensables à qui veut, apprenti ou amateur, s'occuper des travaux de l'art du menuisier.

A cet effet, afin d'éviter les complications qui pourraient embarrasser les personnes désireuses de s'adonner à des occupations de cette nature, nous avons classé méthodiquement les divers éléments que comporte cette partie intéressante du travail, à la fois artistique et industriel.

Nous n'entendons pas présenter aux acquéreurs de ce petit ouvrage, un compendium qui puisse donner la certitude d'exécuter les travaux que nous avons décrits, car à toute théorie, il faut joindre la pratique pour acquérir l'habileté de main et la sûreté du coup d'œil; seulement nous avons voulu guider les apprentis, en leur faisant connaître le plus succinctement et le plus brièvement possible, les instruments

1

dont ils doivent faire usage, à quoi ils sont destinés, et la manière de s'en servir ; la nature des différents travaux, et le moyen de les exécuter.

Les lecteurs de cet ouvrage feront donc bien, après avoir étudié les explications théoriques de l'auteur, de s'appliquer graduellement, en tâtonnant s'il le faut, à exécuter les instructions que nous leur présentons, jusqu'à ce que leur main et leur coup d'œil aient acquis toute la précision nécessaire à la parfaite exécution du travail.

Ainsi par exemple : le corroyage du bois demande plus de précision qu'on ne se figure ; en effet, qu'une pièce de bois, corroyée avec négligence, ne soit pas droite, dégauchie, ou parfaitement d'équerre ; on conçoit que le tracé des joints ou des assemblages ne pourra être juste, partant, une mauvaise exécution d'abord, et ensuite l'impossibilité de placer convenablement les diverses parties du travail entrepris.

Nous insistons donc très sérieusement sur la prescription de corroyer le bois avec attention, l'habitude du maniement des outils employés à cette partie première du travail rendra facile la mise en pratique de notre recommandation.

Si peu important que soit le travail à exécuter, l'apprenti ou l'amateur doit toujours s'appliquer à y apporter tout autant de soin que pour un travail plus précieux.

Nous donnons plus loin le moyen de corroyer avec toute la justesse et la perfection désirables.

Cette opération, qui est la base du travail, consiste, outre le dressage du bois, dans le dégauchissement et la mise d'équerre ; nos explications ultérieures comporteront donc toutes les instructions nécessaires à cet égard.

Il en sera de même du tracé, des assemblages, des coupes d'arasement, des joints et des moulures.

Nous engageons donc ceux qui désireront s'adonner à l'exécution des divers travaux de menuiserie, à se pénétrer sérieusement des instructions qu'ils trouveront dans cet ouvrage.

Nous reccomandons aux amateurs non seulement de faire un bon choix d'outils, mais encore de prendre quelques leçons indispensables pour savoir les monter, les démonter, les affuter et en tirer le parti convenable. Ils devront aussi, pour se former, commencer par les travaux les plus élémentaires en se servant d'un bois de peu de valeur et facile à travailler; avec du goût, de la patience, en étudiant et pratiquant nos avis, l'amateur arrivera, relativement assez vite, à réussir quelques pièces, qui l'encourageront à persévérer jusqu'à complète satisfaction.

C'est, à la campagne, une très grande ressource, pour les mauvais jours, où la promenade est impossible; c'est aussi des plus utiles, pour construire ou réparer une grande quantité de pièces qui n'ont pas assez d'importance pour en charger un ouvrier de profession.

Notre livre peut être aussi d'une grande utilité à l'apprenti, si, de retour de l'atelier, il l'étudie, le compare à ce qu'il a appris dans la journée et si, le crayon à la main, il en reproduit les figures, non pas seulement en les copiant servilement, mais en en augmentant les proportions et en en diversifiant les aspects, tout alors devient instruction : outils, moulures, détails, pièces complètes; il arrivera bien plus vite ainsi à être un bon ouvrier.

CHAPITRE PREMIER

De la nature des bois employés dans les travaux de menuiserie et des divers échantillons.

Manière de débiter les bois pour la menuiserie.

DÉBIT EN FORÊT

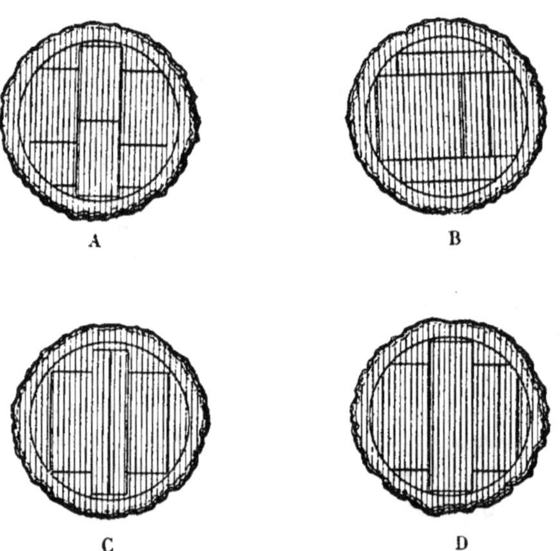

A — Manière d'obtenir 4 membrures et 2 chevrons.
B — Manière d'obtenir 5 échantillons, et 2 entrevous.
C — Manière d'obtenir 4 planches et 1 petit battant.
D — Manière d'obtenir 2 membrures et 2 planches.

E — Manière d'obtenir des bois de tout échantillon.

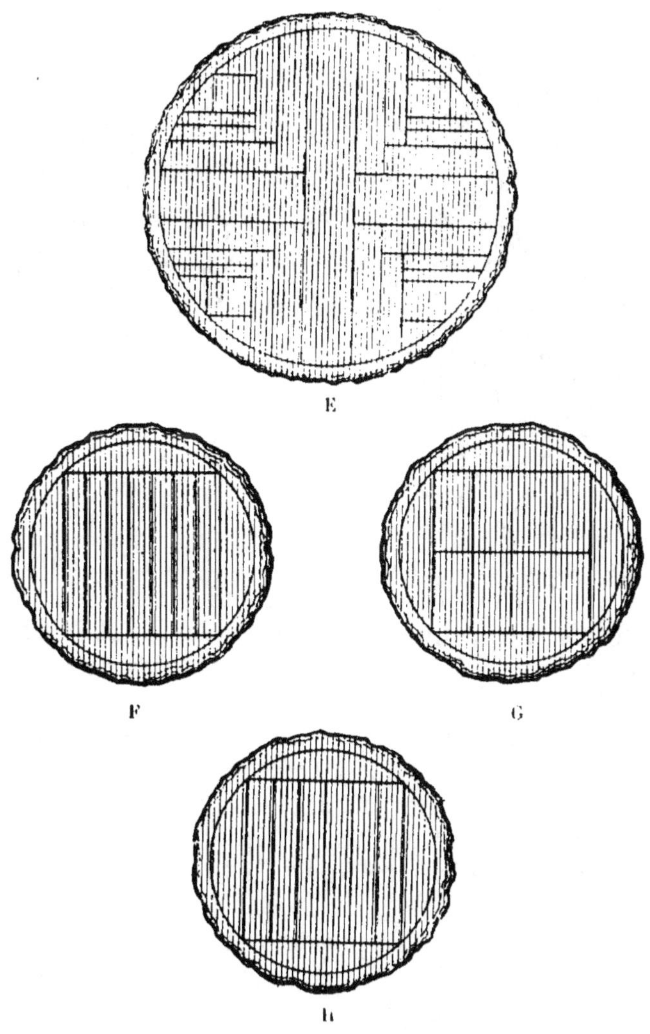

F — Manière d'obtenir 8 entrevous.
G — Manière d'obtenir 8 membrures.
H — Manière d'obtenir 6 doublettes.

I — Manière d'obtenir 3 petits battants.
J — Refente du bois sur maille.

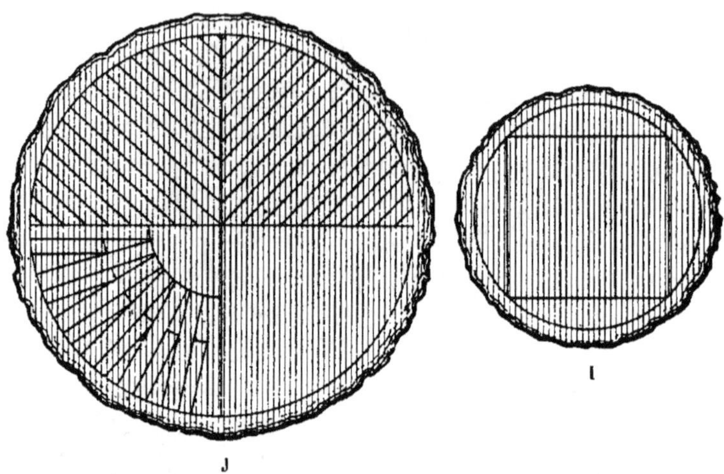

Les bois en usage dans les travaux de menuiserie sont débités en forêt et viennent à Paris par terre ou flottés; le premier qui nous occupe est le Chêne, bois qui est le plus employé pour les travaux de menuiserie.

Ce bois par sa dureté s'impose nécessairement à la confection des bâtis et travaux qui demandent de la solidité ; il est de sa nature liant et ses fibres ont une grande ténacité, on en tire de la Champagne, des Vosges, de la Lorraine, de la Bourgogne et du Bourbonnais.

Le Chêne de Champagne est assez dur, ses fils sont droits et très serrés, il est très bon pour les panneaux alors qu'il est parfaitement sec; on doit tenir les planches exposées pendant quelque temps à l'air, avant de les refendre en panneaux.

Le Chêne de Lorraine et celui des Vosges est tendre, presque sans nœuds, et dure autant que celui de Champagne. La couleur est très belle, tachetée de rouge, c'est la sorte de chêne la plus convenable pour la décoration des appartements ; néanmoins, sa nature grasse et ses fils trop courts le rendent peu propre aux assemblages.

Le Chêne du Bourbonnais est dur et d'un ton grisâtre, sa nature noueuse et de rebours le rend très difficile à travailler ; il n'est propre qu'à des travaux grossiers et qui demandent une grande solidité. Son principal inconvénient est d'avoir beaucoup d'aubier, qui se décompose très rapidement, et permet aux vers de s'y développer.

Le Chêne de Fontainebleau est moins dur que celui du Bourbonnais et plus tendre que celui de Lorraine. Sa couleur est plus foncée et son grain plus serré, il convient très bien pour les assemblages et les moulures, il a toutefois l'inconvénient d'être piqué par des vers, qui le percent dans l'épaisseur des planches, ce qui fait que souvent on ne s'aperçoit de ce défaut qu'à la fin du travail.

Tous ces bois arrivent à Paris par trains ou par bateaux, les bois flottés sont moins susceptibles de jouer ; leur sève s'étant délayée dans l'eau, mais ils contractent une couleur noirâtre qui parfois pénètre assez profondément.

Le Chêne est quelquefois débité sur maille, on nomme ainsi les taches brillantes qui recouvrent sa surface ; c'est un avantage pour la solidité du travail ; mais c'est une difficulté pour l'exécution, car, ces mailles étant plus dures que le corps du bois, le fer de l'outil coule toujours un peu sur elles, ce qui occasionne une légère rugosité.

Le Chêne, dit de Hollande, est un Chêne des Vosges préparé à l'ancienne méthode hollandaise, il est plus beau d'aspect que les autres sortes, et, quoiqu'il n'ait pas flotté, il est peu sujet à jouer.

Il existe encore une autre sorte de Chêne qui n'est propre qu'aux travaux grossiers, du genre de ceux des caves; c'est le Chêne qui provient du déchirage des bateaux et qui par cette raison ne peut être considéré que comme du bois de qualité inférieure.

Le Hêtre est un bois qui n'est guère employé que pour les tables de cuisine et autres ustensiles du même genre, étaux de boucher, etc.; on ne s'en sert guère en menuiserie, ce bois n'est ni fort ni élastique, il se coffine et a beaucoup de retrait. Son grain n'est pas homogène; il est d'un grand usage pour les objets de boissellerie.

Le Noyer est un bois dont le grain est serré, il est liant, très doux et susceptible d'un beau poli, il se tourmente et se gerce très peu, il convient à la menuiserie d'église et aux travaux d'ébénisterie; c'est le bois le plus employé dans certains pays pour les travaux d'intérieur.

Le Cormier et l'Alizier sont des bois d'un grain très fin et très durs, ils ne servent qu'à faire des outils de fût.

L'Érable, bois souple, liant, et d'un grain très fin, peu employé en menuiserie, ne sert qu'a faire certains outils.

Le Châtaignier est à peu près l'analogue du Chêne blanc; il convient assez pour les travaux communs; la tonnellerie l'emploie plus que la menuiserie.

Le Charme est un bois d'un grain fin et serré, il est très dur, liant, et d'une grande durée; il n'est employé en menuiserie que pour faire des outils, comme maillets, serre-joints, presses.

Le Sapin, qui sert à faire les tablettes, les cloisons, les faces d'armoire, les portes pleines ou assemblées et principalement les panneaux de travail, qui doivent être peints ou recouverts en papier, est un bois plus tendre et léger que le Chêne; il y en a dans le commerce, de deux espèces, le Sapin de Lorraine et celui du Nord.

Le Sapin de Lorraine est saigné, c'est-à-dire qu'il n'est plus résineux ; le Sapin du Nord au contraire a conservé une notable partie de résine.

Le Grisard, sorte de Peuplier, qui, lorsqu'il est bien sec, s'emploie quelquefois au lieu de sapin, se prête très bien à l'assemblage, il est même susceptible d'un beau poli.

Le Peuplier, moins ferme que le Grisard, s'emploie aussi pour faire des panneaux, il est plus employé par les layetiers que par les menuisiers.

Tous les autres bois peuvent accidentellement être employés par le menuisier, mais ne sont pas d'un usage habituel.

Les divers bois employés dans les travaux de menuiserie arrivent tous débités à Paris.

En voici la dimension commerciale :

Pour le Chêne :

	LONGUEUR				LARGEUR		
	mètres.		mètres.		mètres.		mètres.
1. Le battant de porte cochère	3,90	à	4,31	×	0,32	×	0,10 d'ép[r].
2. Le petit battant...	3,90	à	4,31	×	0,32	×	0,03
3. La doublette.......	1,95	à	4,85	×	0,16	×	0,08
4. La membrure......	1,95	à	3,90	×	0,32	×	0,06
5. La planche.........	1,95	à	3,90	×	0,32	×	0,054 à 0,065
6. L'entrevoie	1,95	à	3,90	×	0,24	×	00,27
7. Les chevrons.......	1,95	à	3,90	×	0,08	×	0,08 à 0,095
8. Le panneau........	1,05	à	9,39	×	0,24	×	0,020
9. Le feuillet.........	1,95	à	4,45	×	0,24	×	0,014
10. Le merrain........	1,30	à	1,46	×	0,16	×	0,034 à 0,047

Pour le Sapin de Lorraine :

Le madrier	3,57	à	390	×	0,32	×	0,06
La planche...........	3,57	à	3,90	×	0,32	×	0,027 à 0,041
Le feuillet............	3,57	à	3,90	×	0,32	×	0,013 à 0,018

Pour le Sapin du Nord :
Ces bois viennent de Russie, de Suède ou d'Allemagne, les poutres varient suivant leurs provenances, de 5^m,16 à 12^m,90 de longueur, de 0^m,028 à 0^m,468 de longueur, sur autant d'épaisseur.

Les madriers : varient de 1^m,72 à 8^m,60 long. $\times 0^m$,104 à 0^m,338 $\times 0^m$,052 à 0^m,078.

Les planches : 1^m,70 à 8^m,60 de long $\times$ 0^m,104 à 0^m,312, $\times 0^m$,026 à 0^m,039.

Les chevrons débités en France sont de la même longueur et portent de 0^m,052 à 0^m,078 carré.

Les madriers se refendent de 1 à 6 traits dans leur épaisseur.

Les planches se refendent en 2 ou trois épaisseurs.

LES BOIS DE BATEAU.

Les bois provenant du déchirage des bateaux, Chêne ou Sapin, sont de deux sortes : le bois pour cloisons de cave et celui de rebut. Ils ont des dimensions de longueur et de largeur très variables, l'épaisseur seule est constante, elle varie de 0^m,027, à 0^m,041, pour le bois de cloison, et elle est de 0^m,027, pour celui de rebut.

BOIS D'ÉCHAFAUDAGE.

Ce bois est en Sapin ; il porte de 1^m,95 à 5^m,85 de longueur, et 0^m,022 de largeur sur 0^m,034 à 0^m,041 d'épaisseur.

CHAPITRE II

Des outils de menuisier, et de la manière de s'en servir.

L'établi, le premier et le plus important des outils du menuisier, se compose de deux parties principales, le dessus ou table et les pieds.

Il est communément construit en hêtre. Sa longueur et sa largeur varient ainsi que la hauteur, suivant le besoin qu'on a de s'en servir pour des travaux de grande ou petite dimension ; néanmoins, il doit toujours être construit solidement et offrir une grande stabilité.

L'établi doit être pourvu d'un crochet garni de dents enfoncé dans un morceau de bois glissant à frottement dans un trou percé à la partie antérieure de la table ; ce crochet sert à maintenir le bois qu'on veut travailler, on l'abaisse ou l'élève, en frappant avec le maillet, sur la tête ou sous la boîte, suivant l'épaisseur du bois que le crochet doit arrêter.

La table de l'établi doit être percée pour recevoir le valet, morceau de fer en forme de crochet qui porte, à l'extrémité de son coude, une patte qui sert à pincer le bois et à le maintenir fixe pendant le travail ; on se sert du valet en frappant sur le talon pour serrer, et sur le dos du coude pour desserrer.

On fait des valets avec vis pour éviter la marque que fait dans le bois la pression de la patte. Ces valets coûtent fort cher et sont peu usités.

Le valet de pied, qui est plus petit que le précédent, se place dans un trou percé dans le pied postérieur de l'établi ; il sert à supporter et à maintenir l'extrémité d'une planche qu'on doit travailler de champ et qui n'est maintenue en avant que par la presse attenante au pied antérieur de l'établi.

La presse à vis, adaptée à l'établi et fixée au pied de devant, a la forme d'une mâchoire d'étau, elle porte à la partie inférieure un tasseau traversant le pied de l'établi, il est percé de trous placés à distance de façon à ce que la broche qu'on y introduit éloigne assez le bas de cette presse, pour que le mors, seul, serre la pièce de bois.

Quelques personnes emploient, au lieu de la presse susdite, qui est verticale, une presse horizontale placée à la tête et sur le côté de l'établi.

On place ordinairement sur le côté droit de l'établi un ratelier destiné à placer les outils à manche ; ce ratelier consiste en une planchette mince et étroite, clouée sur deux taquets qui la maintiennent à l'écartement nécessaire.

Les établis à l'allemande, qui portent des mentonnets et des boîtes de rappel, sont plus en usage dans l'ébénisterie que dans la menuiserie, qui fait l'objet de cet ouvrage.

Les autres outils qui sont en usage dans la menuiserie, tels que les serre-joints ou sergents, les presses de toute espèce, soit en fer soit en bois, se trouvent dans le commerce, comme au reste tous les outils, tant ceux à fût que ceux à manche.

DES OUTILS A MANCHE.

Le principal de ces outils est le ciseau. Sa forme est connue, et son usage est tout indiqué et compris de tout le monde.

Il y a des ciseaux de toute largeur depuis 2 jusqu'à 50 millimètres environ.

Les plus étroits servent à pénétrer dans les petits assemblages ou dégagements à nettoyer.

Le fermoir est un ciseau à deux bizeaux; il sert principalement à dégrossir les pièces sur lesquelles on veut enlever du bois, ce qu'on appelle *bûcher;* il remplace en cette occasion le hacheret ou petite hachette dont l'usage est plus répandu en province qu'à Paris.

Le fermoir à nez rond a la même forme que le fermoir, c'est-à-dire, qu'il a deux bizeaux ; mais sa tranche, au lieu d'être carrée, est affilée en biais, et sert à nettoyer les angles.

Le bédane ou bec-d'âne, est un outil dont le bizeau est taillé sur sa largeur ; il sert à creuser les mortaises. Il en existe de toute épaisseur jusqu'à $0^{m},0175$; il est nécessaire d'en avoir un assortiment.

La gouge est un outil dont la forme est celle d'une gouttière, le bizeau se trouve sur la face concave ; sa forme indique assez quel en doit être l'emploi. Il en existe de toute largeur, comme pour les ciseaux.

OUTILS A PERCER.

Le vilebrequin, qui sert à faire tourner les mèches, est ordinairement en fer, car on ne fait plus usage de celui fait en bois, qui est trop facile à détériorer ; sa tête sert à appuyer la main ou la poitrine, pour assurer et pousser la mèche que porte la part ie inférieure, qui est percée d'un trou garni d'une vis qui maintient la tête de la mèche.

Les mèches sont de plusieurs sortes et de toute dimension.

Il y a d'abord les mèches à mouche, qui étaient autrefois les plus usitées.

Les mouches à cuiller, qui sont plutôt à l'usage des tourneurs.

Les mèches anglaises ou à trois pointes qui servent à perçer les trous qui doivent être parfaitement cylindriques.

Les mèches d'une fabrication plus récente sont à tire-fond, elles ont l'inconvénient de faire fendre le bois mince ou étroit.

La sorte la plus nouvelle est celle qu'on nomme *à hélice;* elle ne se fait pas dans les petites dimensions, elle a l'avantage de percer des trous rigoureusement droits.

Les vrilles et les tarières sont assez connues pour n'avoir pas besoin d'être décrites.

Les divers outils qu'il est indispensable de se procurer sont :

1° Un compas ;
2° Un mètre bien divisé ;
3° Une pointe à traçer ;
4° Un racloir pour finir ;
5° Un fusil ou affûtoir du racloir ;
6° Une pierre à l'huile ;
7° Une meule ou grès à affûter ;
8° Un marteau ;
9° Des tenailles ;
10° Un tiers-point pour affûter les scies ;
11° Un tourne-à-gauche pour donner la voie ;
12° Un burin ou ciseau à froid ;
13° Un maillet.

Les scies nécessaires :
1 scie à débiter ;
1 scie à tenons ;
1 scie à araser ;
1 scie à chantourner ;
1 scie allemande pour refendre.

Toutes ces scies peuvent être montées par l'apprenti ; il s'agit seulement, lorsqu'on veut exécuter ce travail, d'acheter des lames de bonne qualité et d'une denture qui doit être proportionnée à l'usage auquel la scie est destinée ; ainsi la scie à débiter doit être dentée assez fort.

La scie à tenons doit être plus fine.

La scie à araser, très fine.

La scie à chantourner, comme celle à tenons.

Et la scie allemande, comme la scie à débiter.

L'affûtage des scies et la voie à donner demandent beaucoup d'habitude et de précision, et il est difficile, sinon impossible, qu'une personne non exercée puisse arriver du premier coup à une parfaite exécution ; il sera donc plus prudent de se procurer des scies toutes montées et mises en fût.

Nous donnons ici la nomenclature et le dessin des principaux outils ; c'est d'abord l'affûtage qui se compose de la varlope, demi-varlope ou riflard, rabot et guillaume, dont voici le dessin.

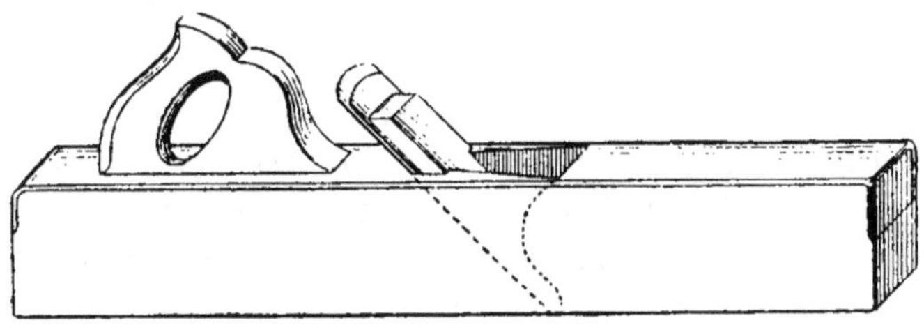

Varlope.

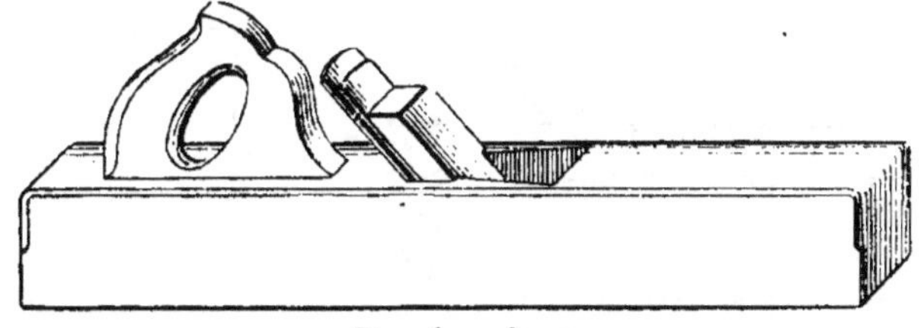

Demi-varlope.

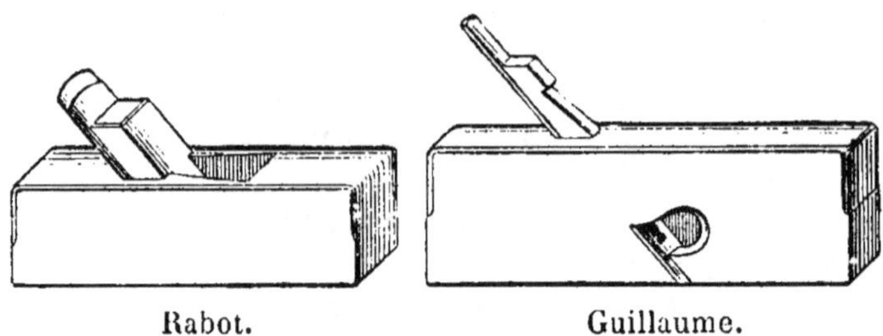

Rabot. Guillaume.

Viennent ensuite les outils à pousser les rainures et languettes, qu'on nomme *bouvets* et qui sont

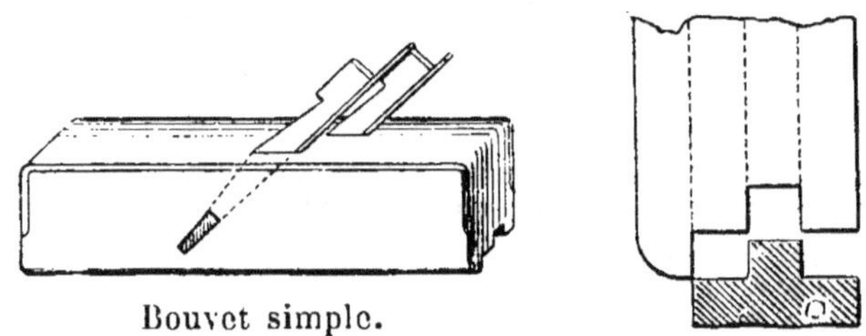

Bouvet simple.

simples on doubles, et le bouvet de deux pièces, puis les outils à moulures de toute espèce; le bouvet simple, ce bouvet sert à pousser les languettes, il est représenté avec la coupe; nous donnons aussi l'outil à pousser les rainures également avec sa coupe.

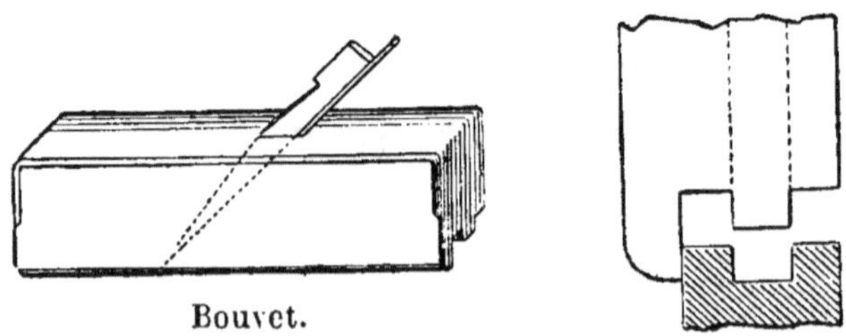

Bouvet.

Les outils à moulure sont également dessinés avec leur coupe.

Voici les principaux outils à profil :

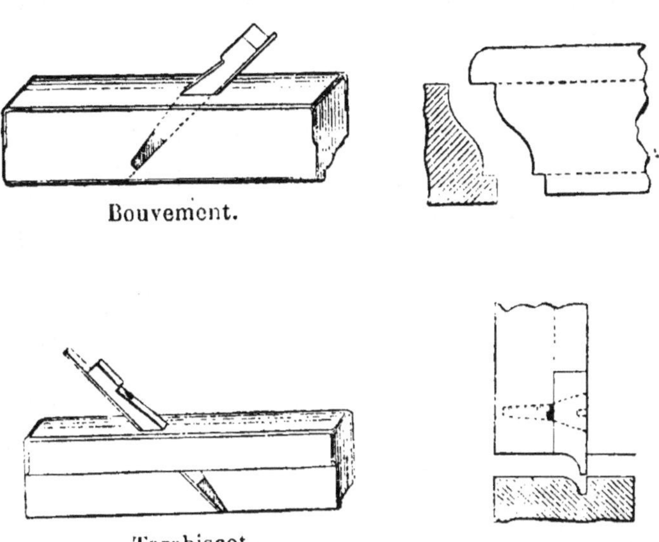

Bouvement.

Tarabiscot.

Le bouvement à pousser une douvine ; le tarabiscot est un petit dégagement qui se pousse ordinairement derrière un pæstum sur la rive des battants et traverses de châssis ou croisées, on le voit derrière le pæstum du profil.

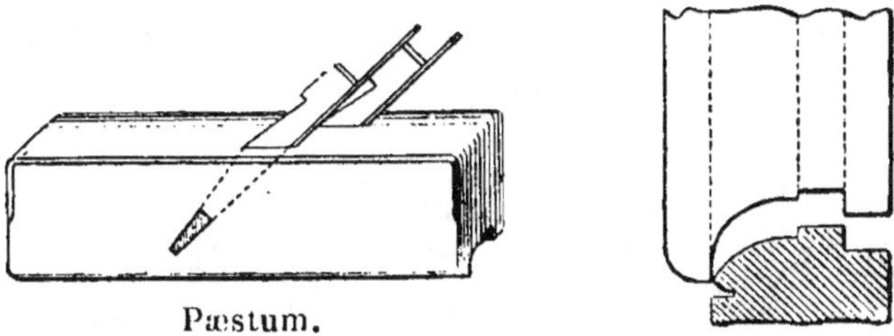

Pæstum.

Nous donnons aussi les modèles de l'outil destiné à pousser la noix et le congé sur les battants de croisée, de celui à pousser la noix sur les battants des dormants de croisée, de celui à pousser la gueule-de-loup sur un des battants d'ouverture d'une croisée.

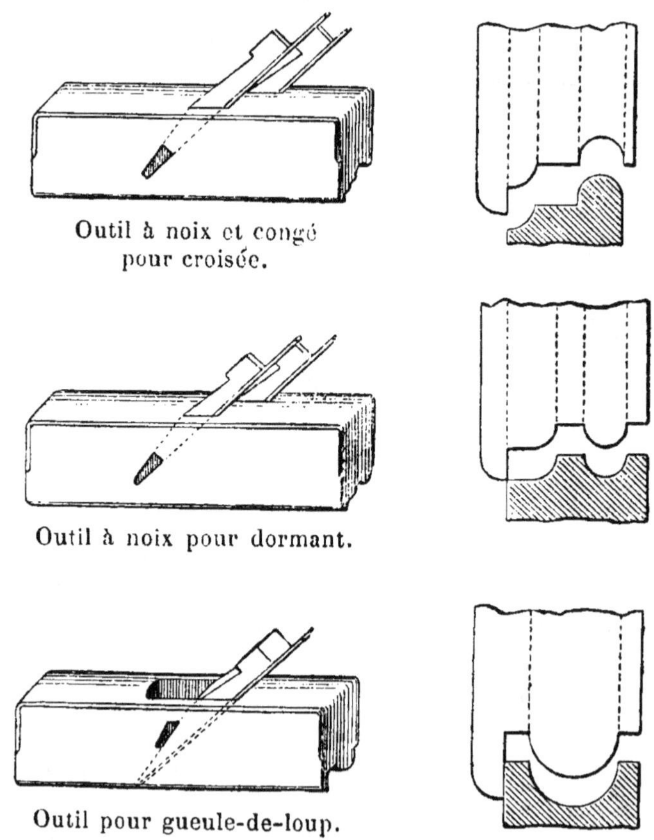

Outil à noix et congé pour croisée.

Outil à noix pour dormant.

Outil pour gueule-de-loup.

Il y a un outil spécial à pousser le rond de l'autre battant d'ouverture dit *battant mouton*, comme le précédent est nommé *battant à gueule-de-loup*.

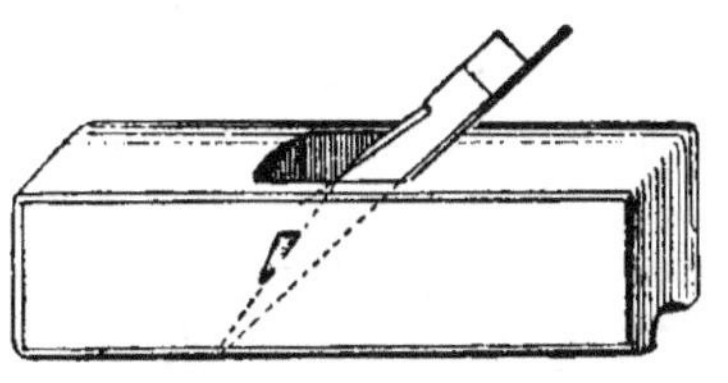

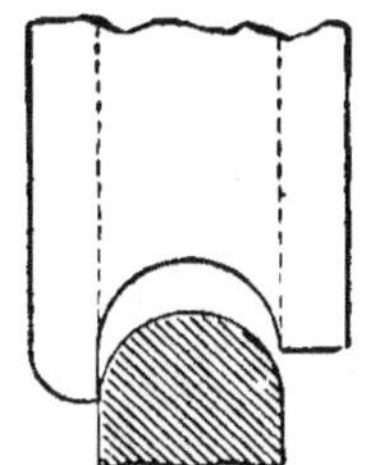

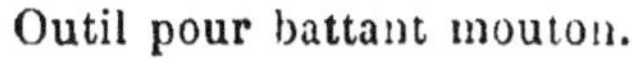

Outil pour battant mouton.

La figure ci-dessous est celle de l'outil à pousser le profil d'un jet-d'eau de croisée.

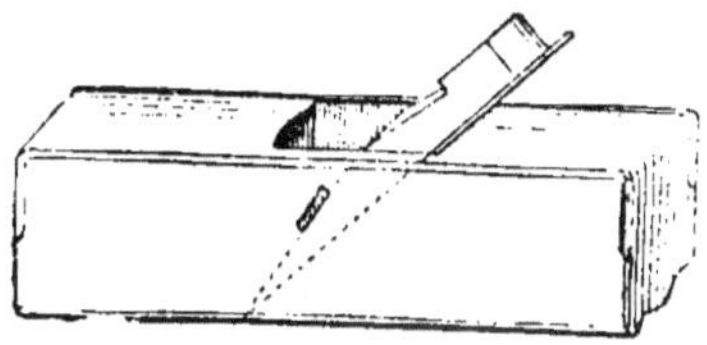

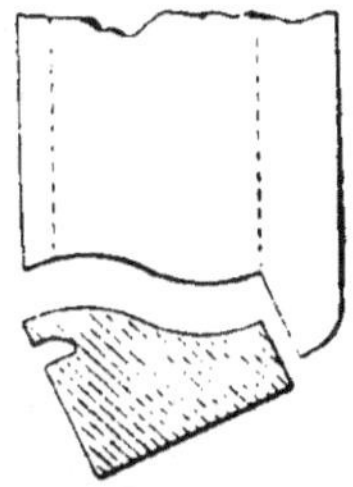

Outil pour jet d'eau.

La figure ci-dessous est celle du bouvet de deux pièces; cet outil est nécessaire pour le poussement de divers profils ou parties de profils, attendu qu'il n'y a qu'à changer le second membre de l'outil pour exécuter le profil en changeant l'écartement de la rive, au moyen des clefs qui, lorsqu'on les desserre, laissent couler la partie d'outil qui forme joue sur les tasseaux ou conducteurs qui joignent les deux pièces de l'outil.

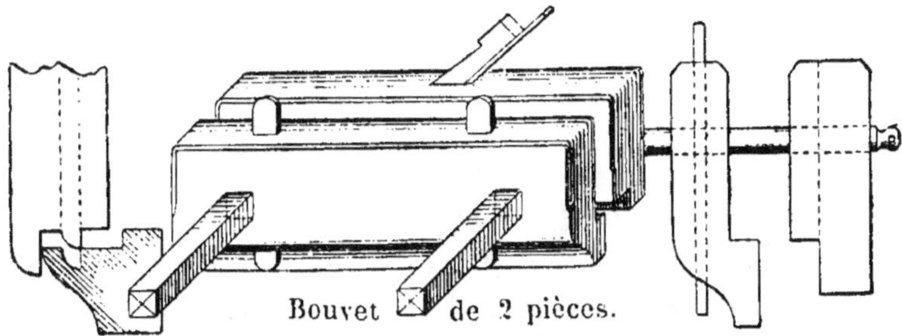

Bouvet de 2 pièces.

Il faut avoir soin, lorsqu'on veut resserrer les clefs,

de mesurer l'écartement des deux parties de l'outil, afin qu'il soit bien égal d'un bout à l'autre de la joue, faute de ce résultat il serait impossible de pousser le profil.

Certains outils sont d'un usage continuel, tels que l'équerre (fig. 2). La figure 3, qui est la fausse équerre ou sauterelle, est celle d'un outil qui sert à tracer les fausses coupes.

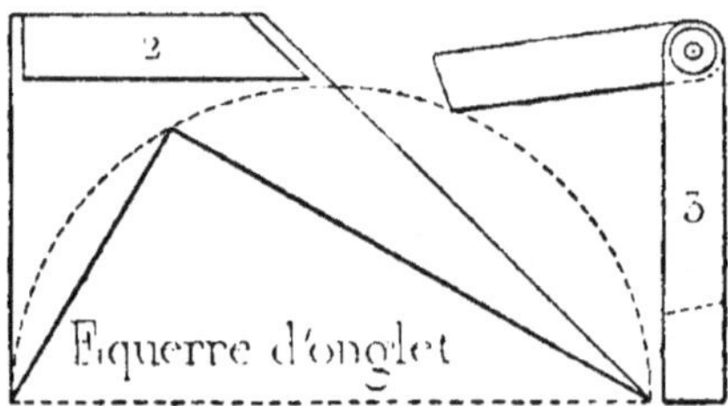

La figure 1 indique la pente à donner aux lumières des outils à fût.

La pente la plus usitée est celle qui donne une division de 12 parties sur la hauteur ou épaisseur de l'outil avec une inclinaison de 11 parties seulement à partir de la perpendiculaire tracée en travers de la hauteur du fût.

Quelques praticiens cependant préfèrent la coupe

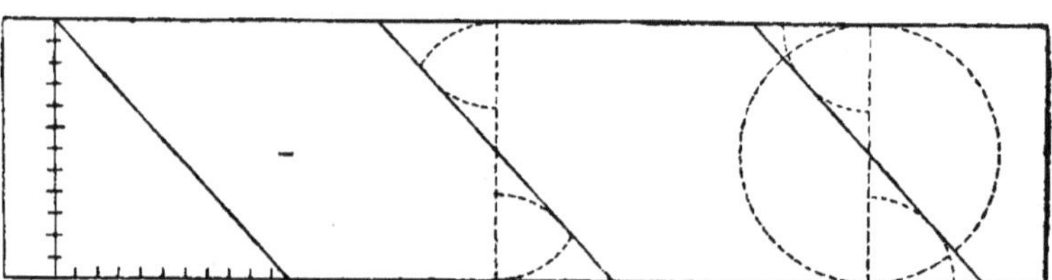

Fig. 1. Coupe des outils.

d'équerre, c'est-à-dire celle qui donne pour inclinaison la diagonale tirée du pied de la perpendiculaire avec distance égale à l'épaisseur du fût. Notre opinion est que la première inclinaison est préférable.

CHAPITRE III

Du corroyage et dégauchissement.

Corroyer le bois, c'est-à-dire le dresser tant sur la face que sur la tranche afin de lui donner la largeur et l'épaisseur nécessaires, consiste à le dégrossir d'abord au moyen du riflard ou demi-varlope, dont la tranche du fer n'est pas tout à fait droite, mais un peu ronde, cet outil étant destiné à enlever des copeaux plus épais que ceux de la varlope.

Lorsque le bois est découvert et préparé à être raboté, dressé et dégauchi, on se sert de la varlope pour le polir en quelque sorte, et finir le corroyage.

A cet effet il faut, pour corroyer exactement une pièce de bois, enlever les bosses, et les parties qui s'élèvent au-dessus des creux ; la manière de conduire la varlope consiste à appuyer sur la partie antérieure de cet outil de façon à ne pas lui laisser relever le nez, jusqu'à ce que la surface à corroyer soit plane et droite.

On pourra s'assurer qu'une pièce est droite en appliquant, sur sa longueur, une règle bien dressée, et par ce moyen, quand on n'est pas sûr de son coup d'œil, on s'apercevra immédiatement des défauts de rectitude en voyant sur quels points la règle s'appliquera, et quels sont ceux sur lesquels elle ne porte pas ; cette opération indiquera facilement, même aux personnes le moins exercées, quels sont les points à abaisser pour arriver à faire poser la rive de la règle sur toute la longueur du morceau de bois à dresser.

Quant au dégauchissement, et toujours quand on ne saura pas bornoyer à l'œil, il faudra employer deux petites règles qu'on posera en travers du bois à chaque extrémité, l'une en haut, l'autre en bas ; on s'assurera de cette façon si les rives des deux règles se présentent bien parallèles.

La pièce étant dressée et dégauchie, il s'agit de la mettre d'équerre ; à cet effet on s'assurera, au moyen de l'équerre, si l'angle de la face et de la tranche du morceau est ouvert ou fermé, et, tout en dressant cette tranche, on abaissera le bois sur une rive ou sur l'autre de façon à ce que les deux côtés intérieurs de l'équerre portent bien exactement sur les deux faces de la pièce et dans toute sa longueur.

La pièce à corroyer étant parfaitement mise d'équerre, on la tirera d'épaisseur et de largeur au moyen du trusquin.

Cet outil, dont il n'a pas été question jusqu'ici, est un petit carré de bois au milieu duquel un trou carré percé dans sa surface laisse glisser une espèce de tasseau bien droit et bien égal d'épaisseur dans les deux sens ; cette tige, à 1 centimètre environ d'une des extrémités, porte une petite pointe aplatie et quasi-tranchante et parallèle au plan de la plaque qui sert de conducteur.

Dans l'épaisseur de la plaque existe une mortaise un peu plus large à un bout qu'à l'autre, laquelle mortaise est remplie par une petite clef qui joint le tasseau, et qui le serre de façon à le fixer à la place où on veut l'arrêter ; à cet effet la mortaise se trouve à jour dans le trou du tasseau.

La manière de se servir du trusquin consiste à appliquer la plaque contre la face du bois qu'on veut mettre d'épaisseur ou de largeur, et la pointe trace exactement sur la surface à tracer une parallèle qui indique le bois à enlever pour arriver au résultat désiré.

Les languettes, rainures et moulures s'obtiennent au moyen des outils décrits plus haut, en conduisant les dits outils le plus régulièrement possible sans que la joue de l'outil cesse de s'appuyer contre la face du bois qu'il s'agit de rainer ou moulurer.

CHAPITRE IV

Du chantournage.

Lorsqu'on veut chantourner une pièce quelconque, on trace d'abord le dessin à exécuter, le plus souvent sur le plat, rarement sur le champ, excepté lorsqu'il s'agit de travaux cintrés en plan; dans l'un et l'autre cas il faut tracer bien exactement les courbes voulues.

Quand il s'agit de chantournage sur le plat, on place la pièce sur l'établi en l'assujettissant au moyen du ou des valets, puis à l'aide d'une scie à lame étroite et à tourillons tournants, on commence le sciage par le bout le plus étroit.

On devra souvent choisir des pièces de bois assez étroites, pour que la scie puisse passer sans qu'il soit besoin de faire trop de déchet, ce qui arriverait si l'écartement du sommier et de la lame n'était pas suffisant, pour laisser passer l'excédent du bois à abattre.

On se sert aujourd'hui de scies, dites à découper, montées sur une table, et marchant au pied ou à la vapeur; mais elles sont d'un prix que quelques personnes peuvent trouver trop élevé, surtout lorsqu'elles n'ont pas de fréquents chantournages à exécuter.

Nous conseillerons donc, lorsqu'on aura à chantourner des pièces trop difficiles ou trop dispendieuses, de s'adresser à l'un des nombreux établissements de découpage sur bois, qui, moyennant un prix relativement modique, leur éviteront l'ennui et l'assujettissement de découper ou de chantourner les pièces qui leur seraient nécessaires.

Nous insisterons particulièrement sur cet arrangement, lorsqu'on aura à chantourner sur le champ du bois, opération difficile à bien exécuter, pour obtenir tout l'aplomb nécessaire.

COLLAGE ET CHEVILLAGE.

Ces deux opérations, très faciles à exécuter, demandent cependant beaucoup de soin.

Ainsi les parties à coller doivent être serrées à la presse ou au serre-joint, avec toute l'exactitude possible, car, une fois rapprochées l'une de l'autre et serrées, il ne serait pas possible d'en corriger la position, car la colle refroidit vite, et toute pièce qu'il faudrait décoller avant que la colle ne soit prise, devrait être grattée avant d'être de nouveau enduite de colle et serrée une seconde fois.

Quant au chevillage des pièces assemblées, il faut les serrer assez juste pour que les trous une fois percés et les chevilles enfoncées, les joints soient exactement rapprochés et à leur place.

CHAPITRE V

Des assemblages.

Les assemblages sont de diverses sortes :

Il y a l'assemblage à tenon et mortaise,
— à enfourchement,
— à moitié bois,
— à queue d'aronde.

Puis les assemblages en entures pour le rallongement des pièces.

Il y a en outre les assemblages à clefs qui ne sont en usage que pour certaines emboîtures et pour consolider les joints de parties pleines jointes à rainure et languette.

Les assemblages à tenons et mortaises sont ou carrés, ou d'onglet ou même à fausse coupe, selon la nature du travail à exécuter.

Les assemblages à enfourchement sont presque toujours carrés.

Ceux à moitié bois sont carrés, ou en fausse coupe ou d'onglet, suivant la nécessité.

Enfin, ceux à queue d'aronde sont à queue découverte ou couverte.

Le principal assemblage qui est à tenon et mortaise, et comme tel le plus souvent employé, se fait en abattant un tenon à l'extrémité d'une traverse ou d'un battant, et en creusant une mortaise dans la pièce qui se joint à la précédente.

Lorsque la place de l'assemblage est tracée sur les deux pièces à assembler, il reste à tracer l'épaisseur du tenon et celle de la mortaise au moyen du trusquin à deux pointes.

Ce tracé est toujours fait de l'épaisseur du bec-d'âne qui sert à creuser la mortaise.

On doit choisir un outil qui laisse assez de joue aux deux côtés de la mortaise sur l'épaisseur du bois afin que l'assemblage ait toute la solidité désirable.

Le tenon s'abat avec deux traits de scie qui se font en suivant les traits d'épaisseur sans les mordre, car il faut que le tenon ait toute son épaisseur juste afin de ne pas ballotter dans la mortaise, mais il ne doit pas forcer, sous peine de faire fendre celle-ci; il n'en est pas de même de la largeur du tenon, qui doit forcer sur la longueur de la mortaise.

Lorsque le tenon est abattu, il faut enlever ses deux joues en arasant sur le trait juste et carré ou d'onglet suivant le travail.

On doit, en perçant une mortaise, s'appliquer à bien poser la pièce dans laquelle on la creuse de façon à ce que sa face latérale soit bien d'aplomb, et tenir le bec-d'âne bien droit, de manière à ce qu'en retournant la pièce pour reprendre la mortaise sur l'autre champ, les deux creusements se rencontrent juste; à défaut d'une extrême justesse on redresse l'intérieur au moyen du ciseau.

Il n'en est pas ainsi lorsqu'une mortaise ne traverse pas la pièce, il est rigoureusement nécessaire qu'elle soit creusée bien d'aplomb.

Une mortaise ne doit pas être creusée de toute la largeur du tenon, il faut presque toujours réserver un épaulement, qui diminuera la largeur de ce tenon (V. fig. 1).

Cette observation ne s'applique qu'aux assemblages faits à l'extrémité des pièces, car elle n'est pas applicable à ceux qui sont faits à distance des extrémités.

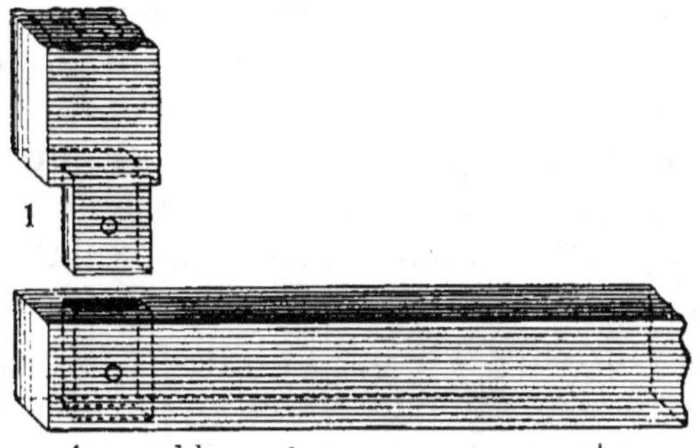

Assemblage à tenon et mortaise.

L'assemblage à enfourchement se fait à la scie, car, n'ayant pas d'épaulement, il n'est besoin d'employer le bec-d'âne que pour faire sauter l'entre-deux des joues de la pièce qui reçoit le tenon (V. fig. 2).

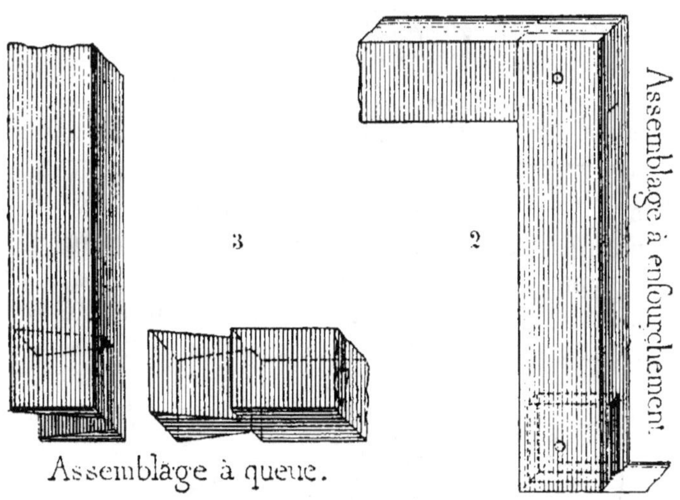

Assemblage à queue.

Assemblage à enfourchement

L'assemblage à moitié bois se fait, ainsi que le comporte sa désignation, en abattant le bois d'un côté d'une pièce, et agissant de même sur le côté inverse de la pièce qui se joint à la première.

Tous ces assemblages serrés préalablement au serre-joint, ou à la presse, sont ensuite chevillés au moyen de chevilles faites en bois de fil.

L'assemblage à queue d'aronde sert notamment à assembler les côtés des tiroirs, des boîtes, etc.

La queue d'aronde est tracée sur le plat de la pièce à assembler, et sur le bout de champ de celle qui l'y joint, les queues et les entailles correspondantes sont abattues à la scie, et le bois à enlever pour la pénétration des queues dans les entailles doit être enlevé au ciseau.

4

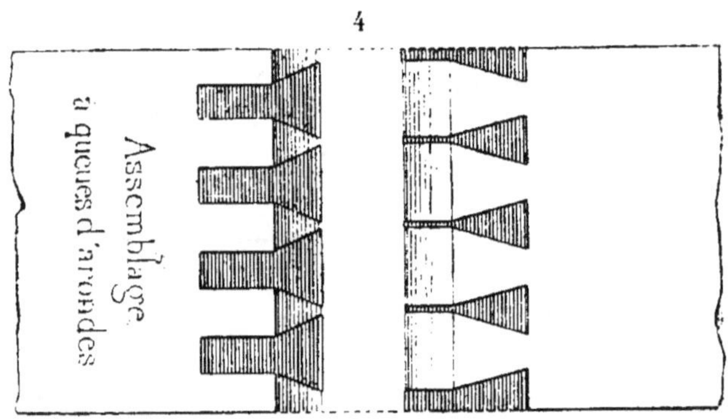

Dans l'assemblage à queues recouvertes, qui est celui employé pour les têtes de tiroirs, le coup de scie ne doit pas traverser l'épaisseur de la pièce qui porte les queues, puisqu'il faut laisser une joue de recouvrement; à cet effet la pièce portant les queues re-

5

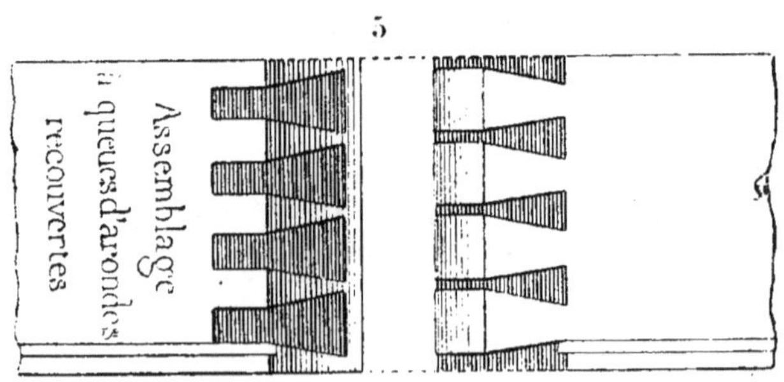

couvertes est toujours plus épaisse que celle qui porte les entailles, la différence d'épaisseur est celle de la joue.

On fait aussi des assemblages à queues invisibles, mais ce travail est trop difficile à exécuter pour trouver sa place dans cet ouvrage.

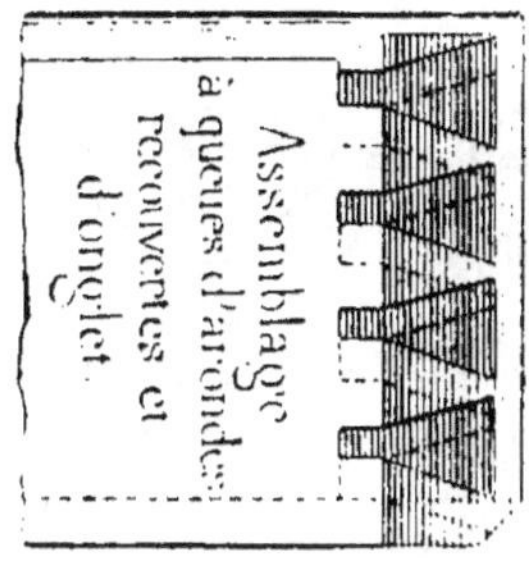

Assemblage à queues d'arondes recouvertes et d'onglet

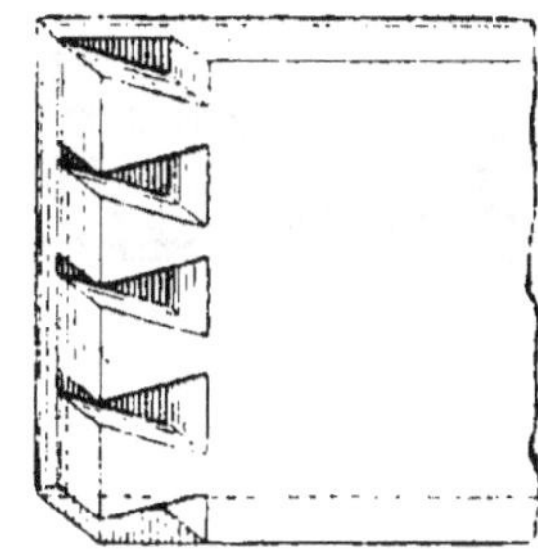

6

Les assemblages d'entures ou prolongement des pièces se fait ordinairement à enfourchement, quelquefois à moitié bois. Il y en a de plus compliqués.

Il y a des assemblages plus compliqués, ce sont ceux avec arasements d'onglet, et ceux qui ont des flottages ou des pénétrations carrées ou d'onglet à deux coupes.

7

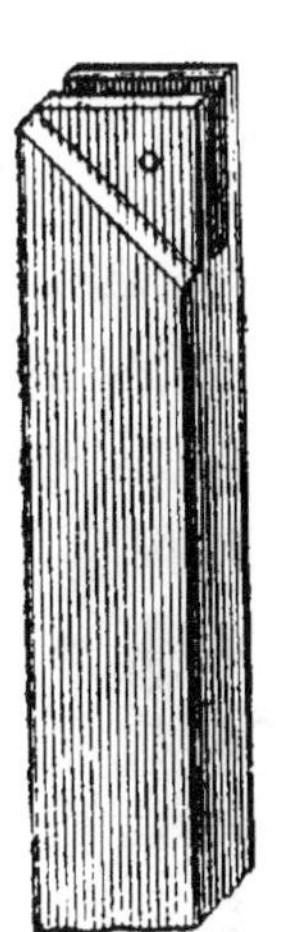

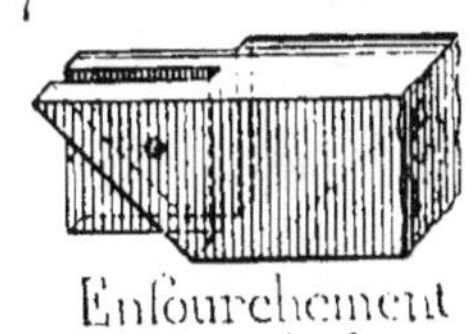

Enfourchement d'onglet sur le devant

8

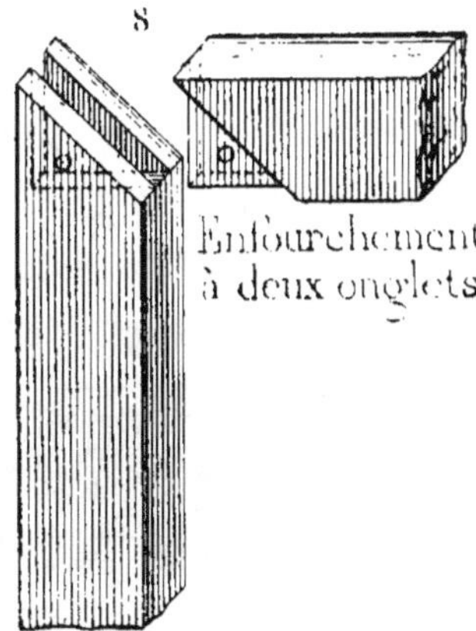

Enfourchement à deux onglets

La figure 7 représente un assemblage par enfourchement d'onglet sur le devant.

La figure 10 est un assemblage à tenon et mortaise se raccordant avec une moulure.

La figure 9 représente un enfourchement à deux onglets avec épaulement.

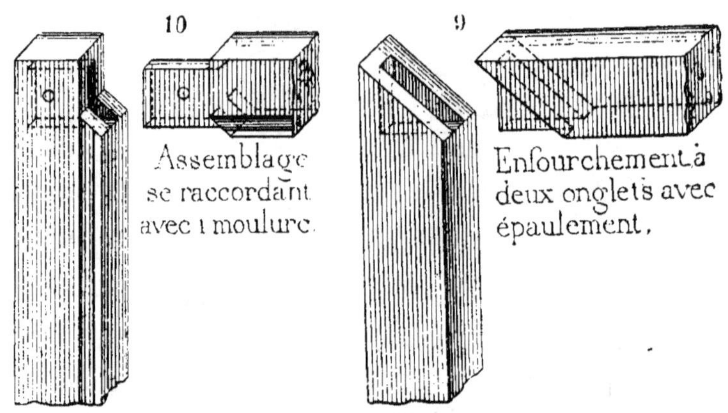

La figure 11 est un assemblage à deux onglets avec panneaux embrevés.

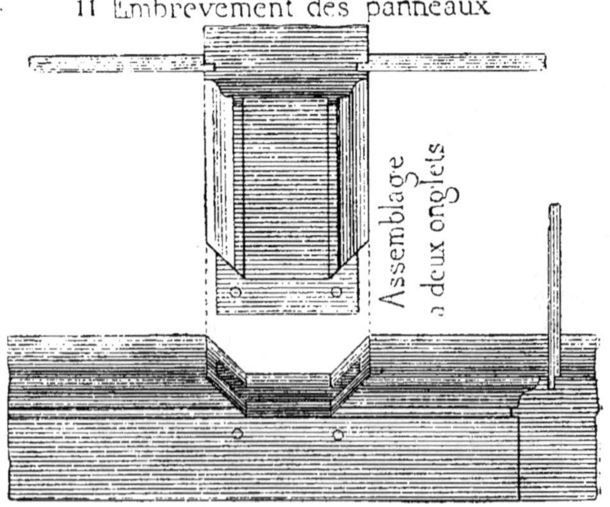

La figure 12 est un flottage d'onglet et carré derrière.

La figure 13 est un assemblage avec flottage à double onglet.

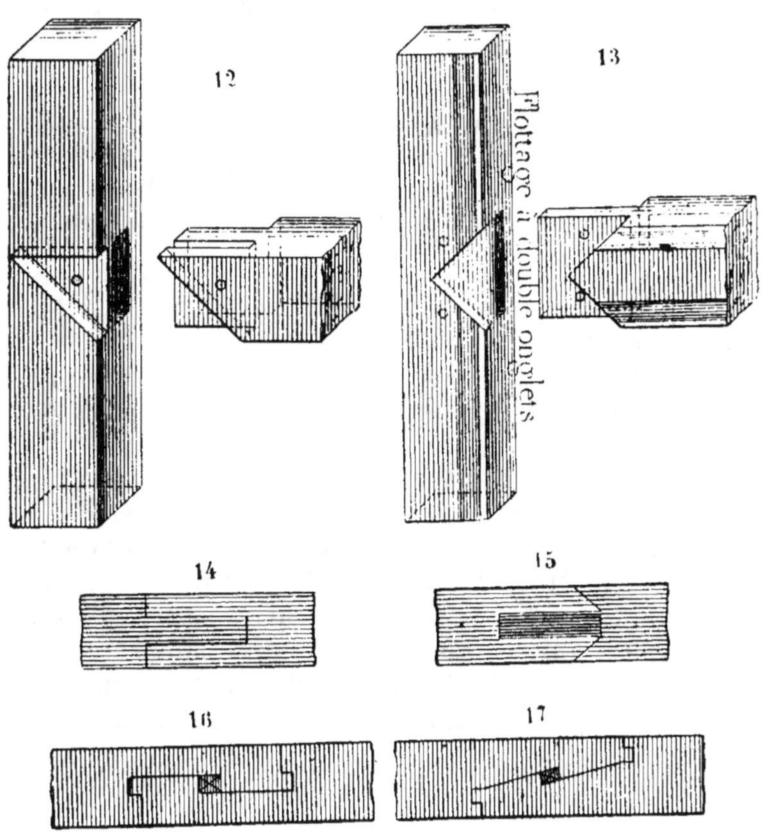

Les figures 14 et 15, sont des jalonnements par enture.

Les figures 16 et 17, sont aussi des entures compliquées et qui sont plutôt à l'usage des charpentiers.

La figure 18 est l'assemblage de deux morceaux ronds.

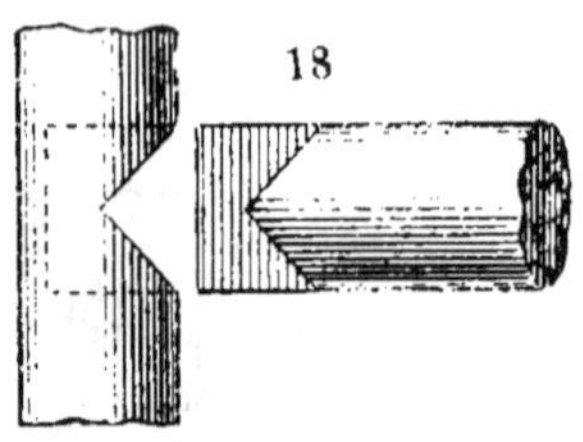

DES COUPES ET ARASEMENTS.

Après l'abatage des tenons il s'agit de faire les arasements carrés ou d'onglet, ou en fausse coupe, selon la nature du travail à exécuter.

Pour araser, on se sert de la scie dite à araser qu'il faut conduire bien juste sur le trait sans le manger ; de la justesse du trait de scie dépend la perfection du joint d'assemblage qui joindrait de travers si l'arasement n'était pas d'une justesse rigoureuse.

Pour l'assemblage des petits bois de châssis mouluré ou de croisée l'arasement étant à deux onglets se fait à la scie par derrière et carrément et d'onglet sur le devant, la pointe de l'onglet pénétrant dans la traverse où le battant exige une entaille qui peut être préparée à la scie et finie au ciseau.

CHAPITRE VI

Des joints et emboîtures.

Il y a plusieurs sortes de joints : ceux qui joignent à rainure et languette, des cloisons et des parties pleines, sont appelés joints ; ceux qui joignent un panneau dans des montants et traverses, ceux enfin qui joignent des parties de différentes épaisseurs et toujours à rainure et languette simple ou double, sont appelés embrèvements.

Les joints de parties pleines de portes emboîtées sont quelquefois garnis de clefs, qui dans les joints de longueur, sont des petits morceaux de bois d'une largeur déterminée de l'épaisseur de la rainure et de la languette, dans lesquelles on creuse deux mortaises bien en face l'une de l'autre, pour recevoir la clef, dont la longueur est un peu moindre que la profondeur des deux mortaises, le joint rapproché ; quand le joint est fait et serré, on cheville les clefs dans les deux parties jointes ensemble.

Il ne faut jamais moins de deux chevilles dans chaque partie d'une clef.

Les joints d'emboîture et les clefs sont autrement faits.

Ainsi supposons une porte pleine à emboîter ; si cette porte doit être emboîtée sans clefs, il n'y a qu'à donner au bois une longueur suffisante, à enlever une languette à bois de bout à chacune des extrémités, longueur qui, jointe à la largeur des emboîtures, donne la hauteur de la porte.

L'emboîture étant corroyée et rainée, on trace sur

la porte l'arasement qui se fait en clouant une réglette sur la ligne tracée, et on arase à la scie toute la largeur de la porte.

On doit avoir le soin de ne pas descendre le trait de scie de façon à entamer la languette.

Cet arasement fait sur les deux faces ou parements, on enlève au ciseau le bois qui excède l'épaisseur de la languette, qui a été préalablement tracée au trusquin, et on dresse la languette avec le guillaume.

Il est nécessaire que la languette ne soit pas plus haute que la rainure de l'emboîture n'est profonde, car, s'il en était ainsi, l'emboîture ne joindrait pas.

Cette emboîture doit être collée.

L'emboîture avec clefs se trace et s'arase comme la précédente, seulement l'emboîture porte autant de mortaises qu'il y a de clefs, et ces clefs sont prises dans le bois de bout de la porte dont la longueur de bois doit être un peu moindre que la longueur totale, car elle porte, en sus de ses arasements, la longueur des clefs qui font corps avec elle, et ne diffèrent de la largeur de l'emboîture, que de l'épaisseur du bois laissé au fond des mortaises afin que les clefs ne traversent pas.

L'arasement à la scie, étant fait après l'abatage des clefs, qui se fait comme celui des tenons, on enlève le bois qui se trouve entre les clefs et on finit au guillaume et au rabot sur les clefs et la languette.

Cet assemblage doit être collé et chevillé.

CHAPITRE VII

Travaux ordinaires ou courants.

Profils de poteaux d'huisseries et entre-toises.

1. Poteau de remplissage à 2 nervures.
2. Poteau pour recevoir la brique.
3. Poteau nervé d'angle.
4. Poteau arrondi et nervé d'équerre.
5. Poteau arrondi et nervé d'une face.

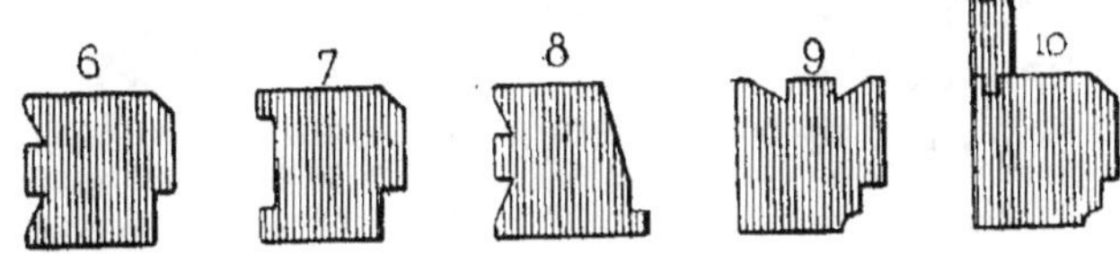

6. Poteau d'huisserie nervé.
7. Poteau avec rainure pour la brique.
8. Poteau avec feuillure arasée ou biaise.
9. Poteau avec feuillure et congé.
10. Poteau avec feuillure et rainure.

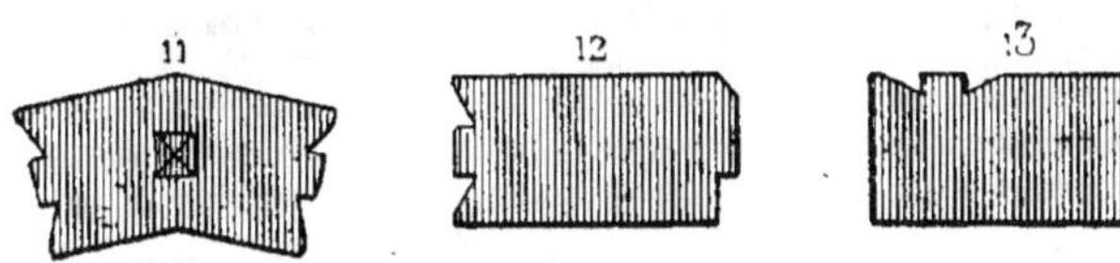

11. Poteau en deux morceaux et languettes.
12. Poteau en membrure.
13. Poteau en membrure.

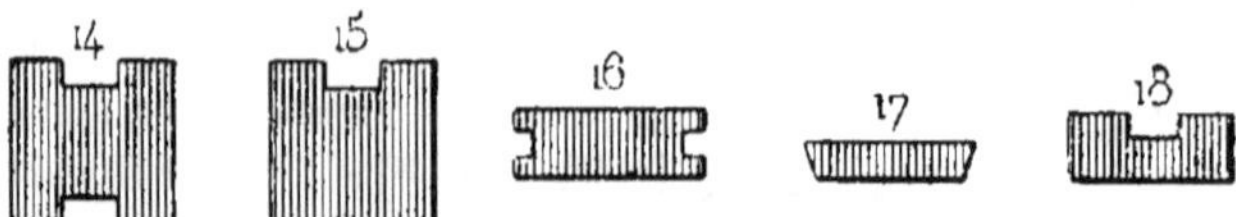

14. Entre-toise d'épaisseur pour cloison.
15. Entre-toise d'épaisseur pour cloison.
16. Entre-toise noyée dans les plâtres.
17. Entre-toise apparente d'un côté.
18. Coulisse.

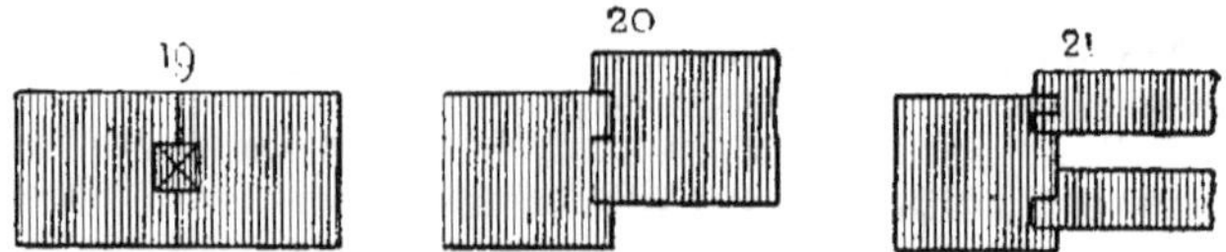

19. Poteau avec embrèvement.
20. Poteau avec embrèvement.
21. Poteau avec embrèvement.

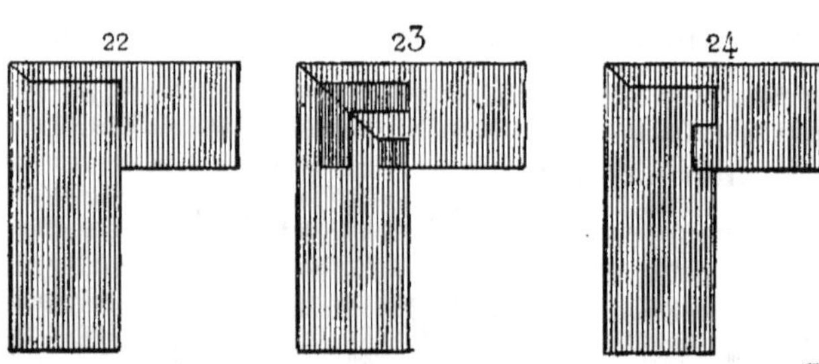

22. Poteau embrevé et onglet.
23. Poteau embrevé et onglet.
24. Poteau embrevé et onglet.

Huisserie avec remplissages, entretoise et coulisses.

On désigne cette espèce de cloison sous le nom de cloison légère, parce qu'elle est généralement hourdée en plâtre, lattée, et enduite en plâtre aux deux faces.

1. Sont les coulisses haut et bas.
2. Sont les entretoises assemblées avec les poteaux.
3. Huisserie assemblée.
4. Remplissage en bois sur lequel le lattis est cloué.

La figure ci-dessous représente la coupe verticale d'une cloison légère dont l'entretoise est noyée dans les plâtres, avec coulisses et remplissages.

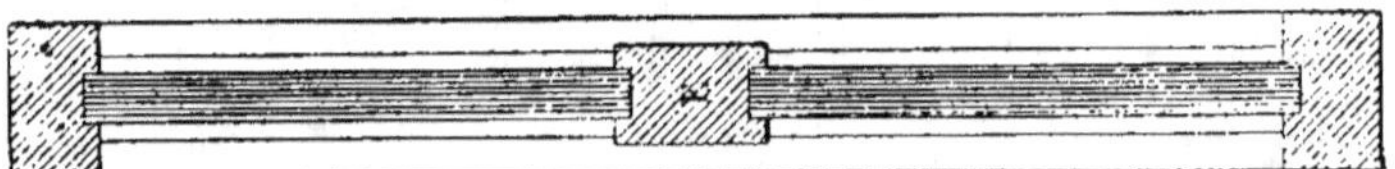

Entretoise apparente.

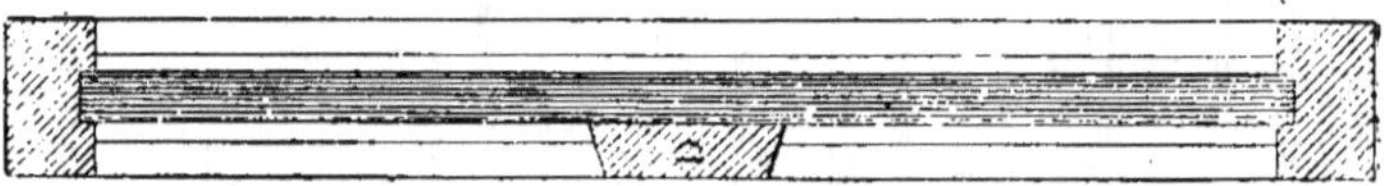

D est la même coupe dont l'entretoise est apparente, avec coulisse et remplissages.

E est une entretoise noyée dans les plâtres.

La figure 1 représente la coupe horizontale d'une partie de cloison. A est un poteau d'huisserie, B est un

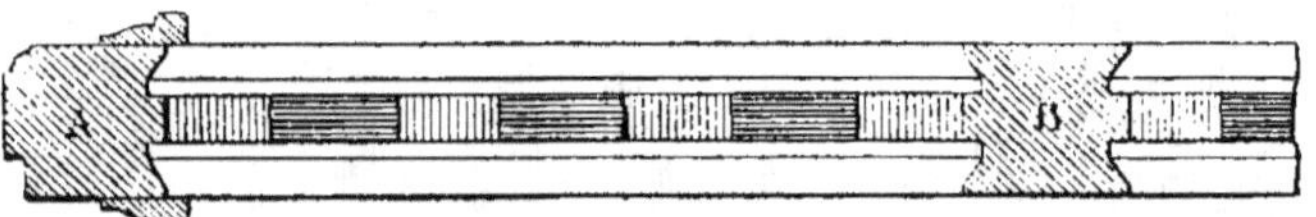

Fig. 1.

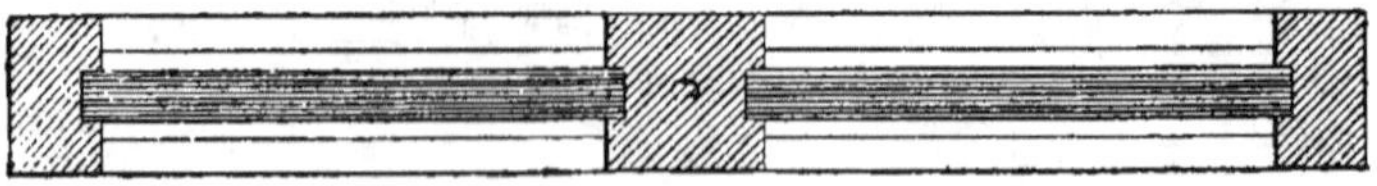

Fig. 1.

poteau de remplissage. C une entretoise d'épaisseur.

La figure 2 représente la cloison disposée pour recevoir de la brique.

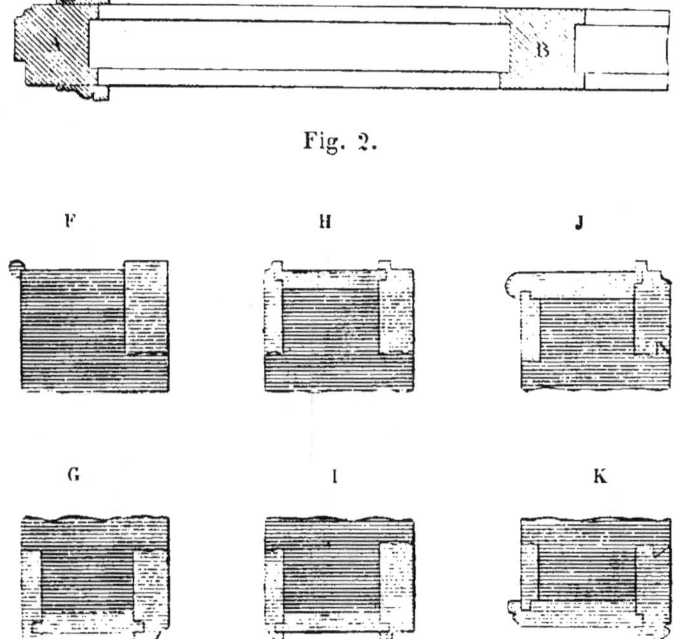

Fig. 2.

F est un montant de contre-bâtis avec baguette d'angle formant ébrasement de baie.

G bâtis et contre-bâtis, ébrasement embrevé pour baie.

H,I,J,K autres bâtis et ébrasements.

Ces bâtis et ébrasements ne sont applicables qu'aux baies pratiquées dans des murs d'épaisseurs soit en briques, soit en moellons.

On les exécute à plein bois ou avec moulure rapportée ou enlevée sur la masse.

La figure ci-dessous représente une huisserie à gauche d'une alcôve avec poteau double et moulures formant chambranle, B.

A est le plan transversal de l'huisserie sans moulures rapportées ainsi que les socles.

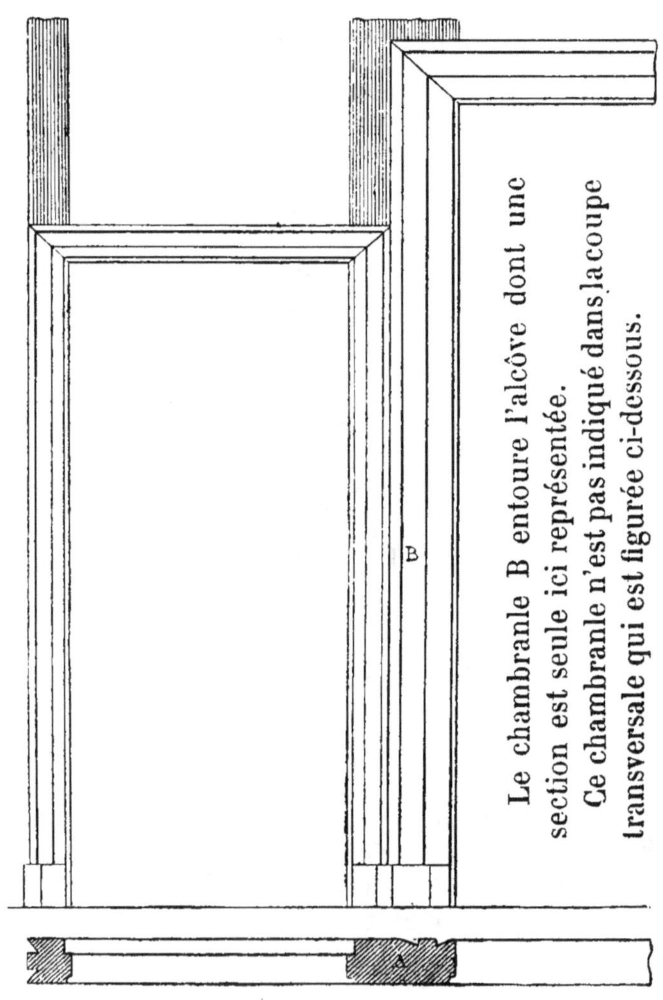

Nous donnons ici une réunion de toute espèce de moulures, qui peuvent s'appliquer sur des portes pour figurer des cadres, ainsi que sur les faux lambris et chambranles des baies.

Les baguettes de coin, de plat, et d'angle, doivent être placées dans les encoignures. 1, 2 se met à plat sur les parties droites. 3, se place sur les angles des baies vides et des retours de murs ou des cloisons.

En leur donnant l'épaisseur convenable, plusieurs de ces moulures peuvent servir de cimaises.

Nous donnons ensuite des moulures qui sont spécialement affectées à faire des cadres.

Au surplus l'ornementation des parties destinées à recevoir des moulures est toute facultative et ne

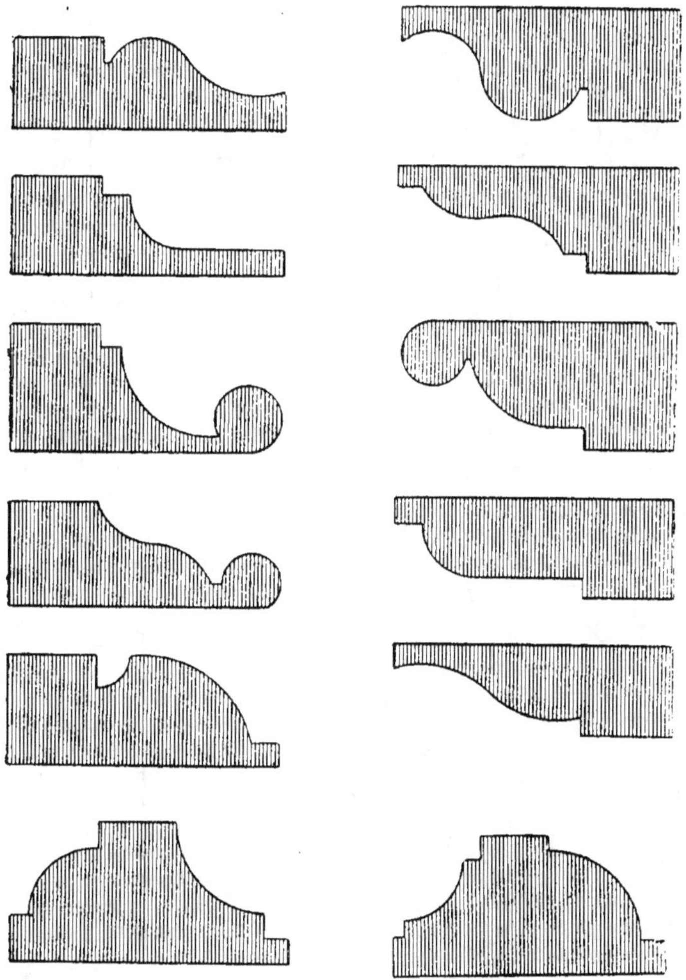

relève que du goût de la personne chargée de leur destination.

Quoique d'un usage moins fréquent nous donnons également les figures d'un autre genre de moulures dont la destination est aussi facultative.

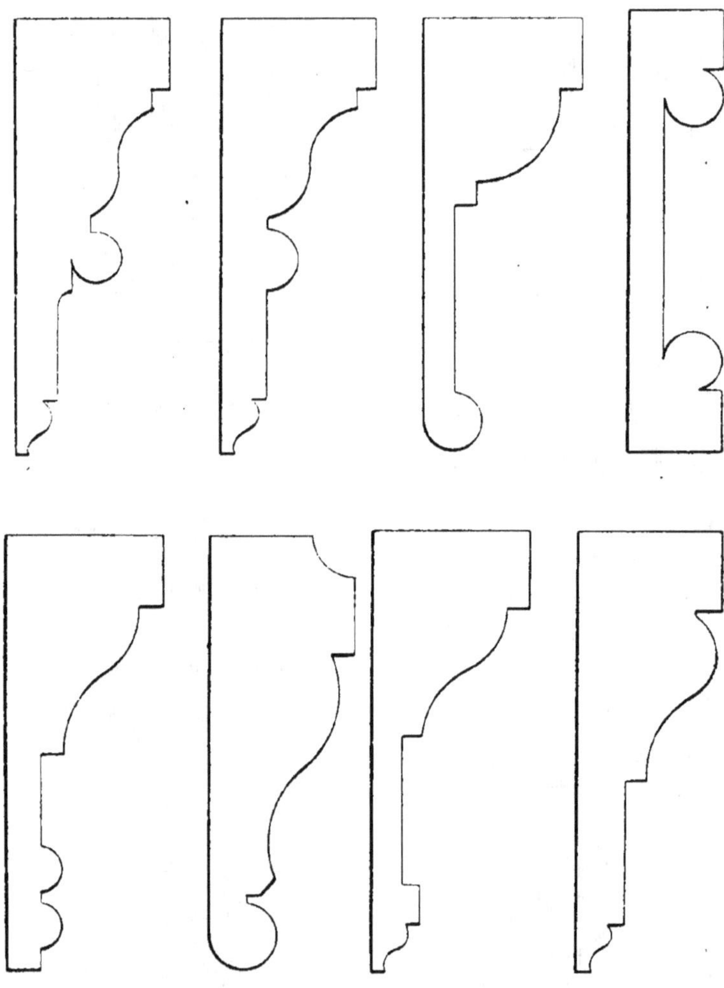

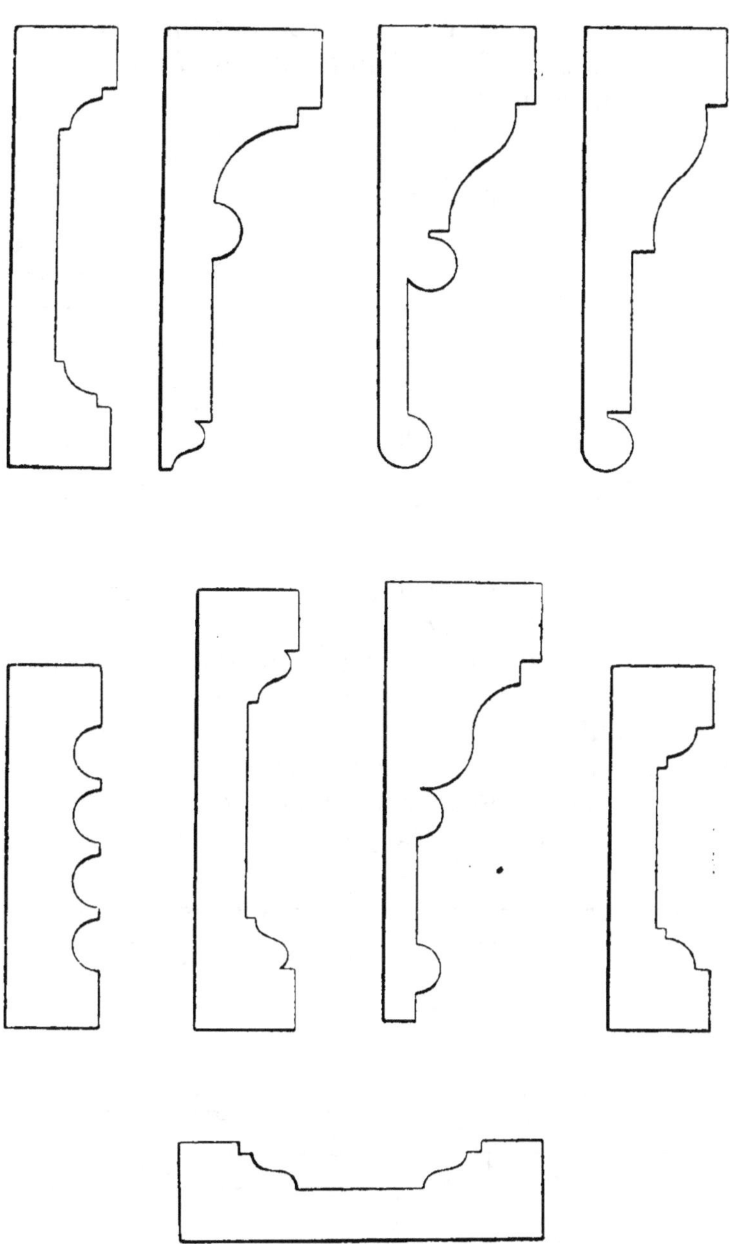

Les figures ci-dessous représentent une suite de moulures pour socles et chapiteaux, les profils doivent être retournés d'onglet.

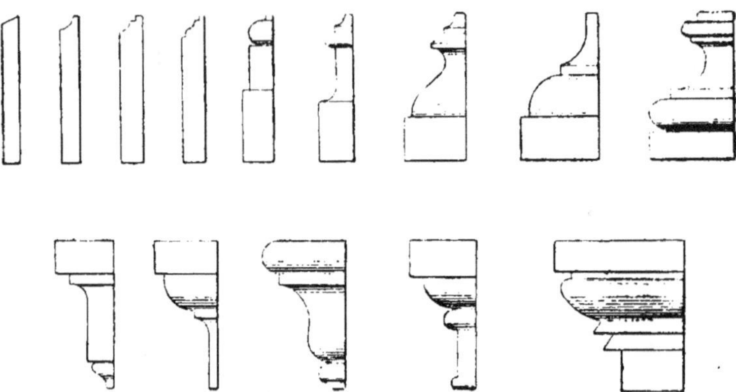

Nous continuons par une suite de corniches massives et d'une seule pièce.

Ces corniches sont très compliquées et demandent une grande attention dans leur exécution.

Elles sont ici représentées avec leur retour d'équerre, soit d'onglet, soit en fausse coupe.

Il est essentiel de raccorder tous les membres de moulures et les pièces rapportées.

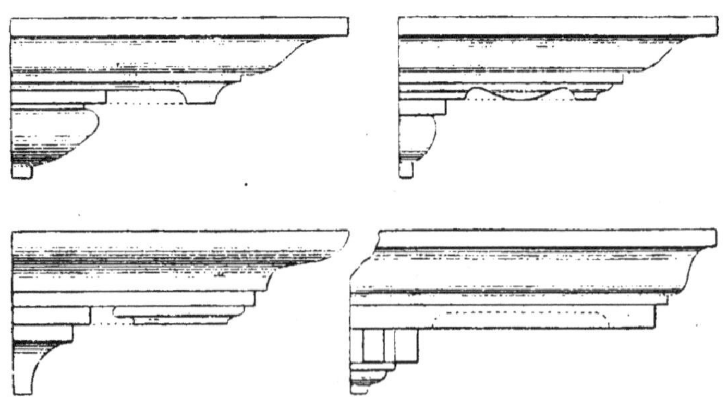

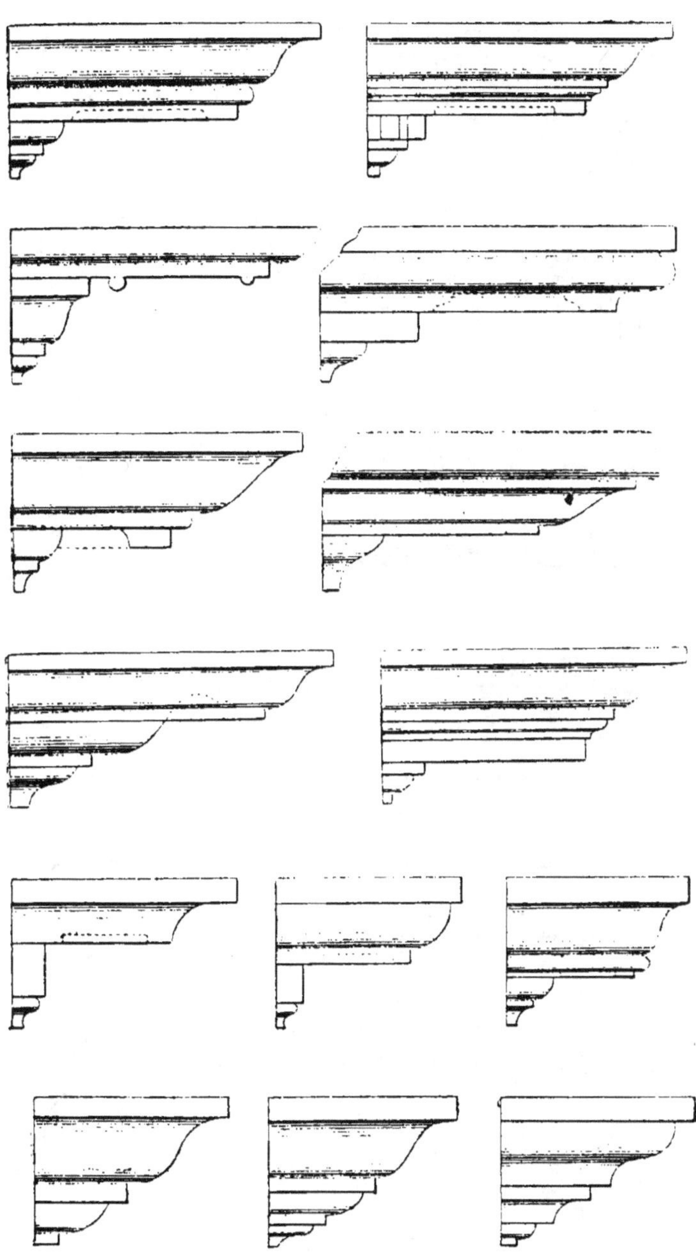

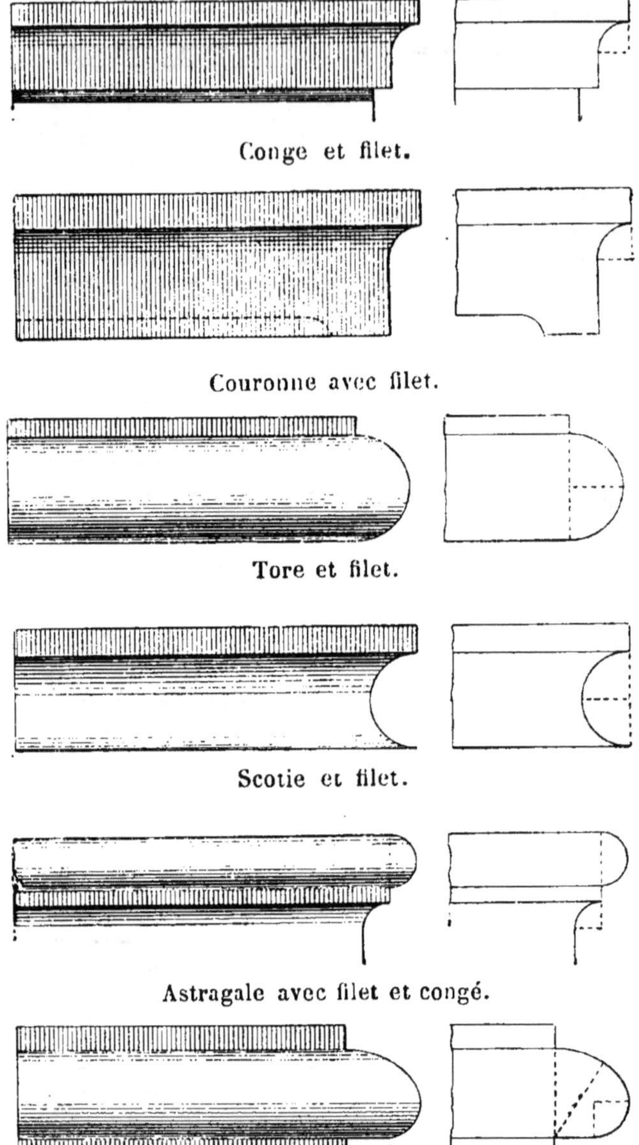

Conge et filet.

Couronne avec filet.

Tore et filet.

Scotie et filet.

Astragale avec filet et congé.

Brayette avec filet.

Moulures d'architraves avec la manière de les tracer.

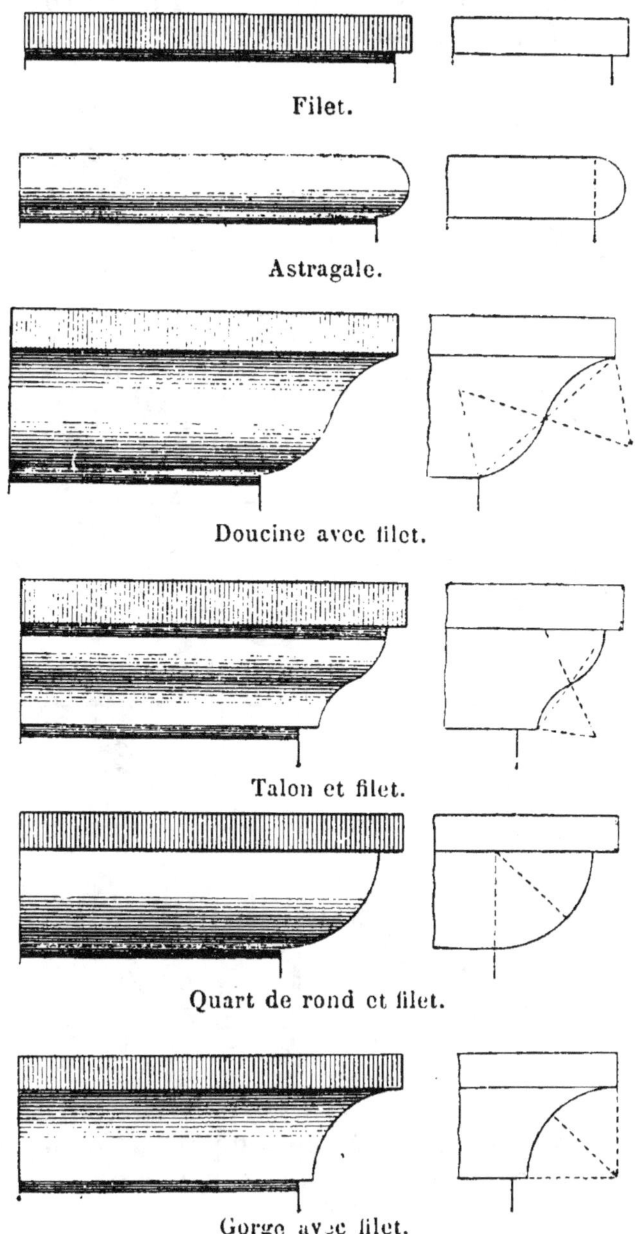

Filet.

Astragale.

Doucine avec filet.

Talon et filet.

Quart de rond et filet.

Gorge avec filet.

Les figures ci-dessous représentent plusieurs profils de corniches volantes, ce genre de corniches convient surtout pour les appartements dont l'ornementation

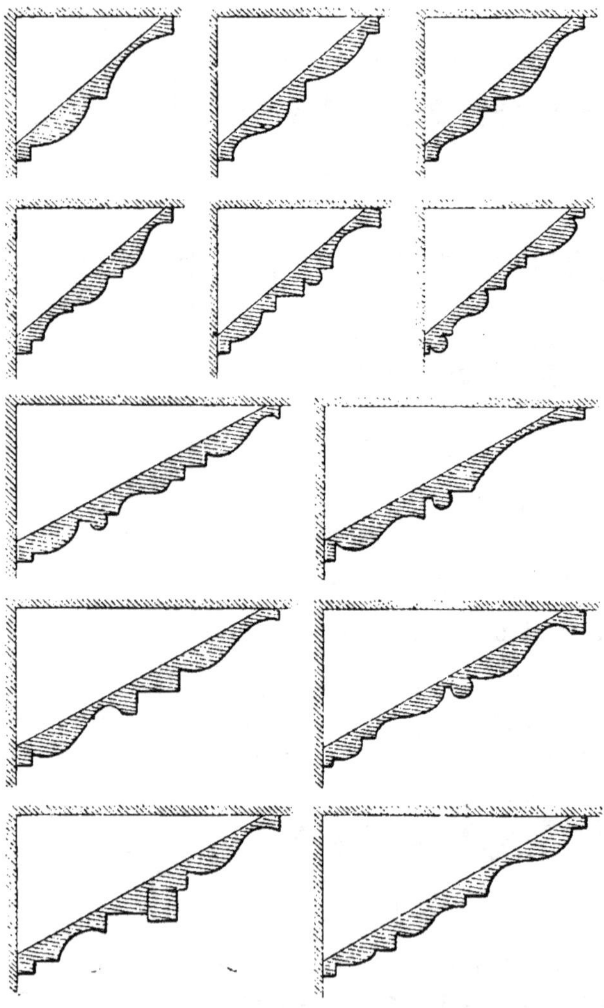

ne réclame pas une corniche composée et d'un grand style; car cette corniche, qui est faite de plusieurs morceaux, ou même prise quelquefois dans l'épaisseur d'une seule planche, ne s'emploie que pour les travaux qu'on fait après coup ou par économie.

Les trois figures suivantes représentent un autre genre de corniche volante, composée de plusieurs pièces qui sont embrevées ou jointes par une languette rapportée.

Toutes ces pièces doivent être collées et jointes, de façon à ce qu'un joint ne se trouve pas dans celui d'une moulure quelconque.

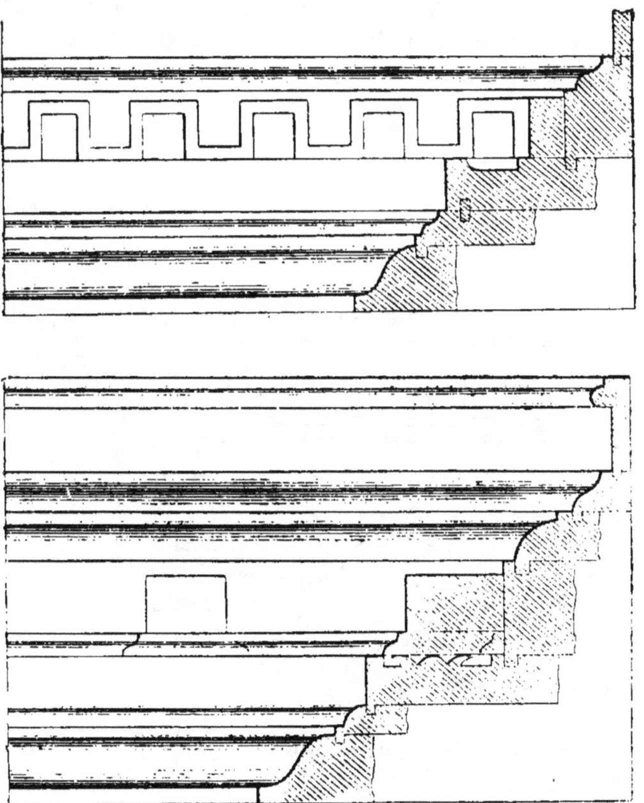

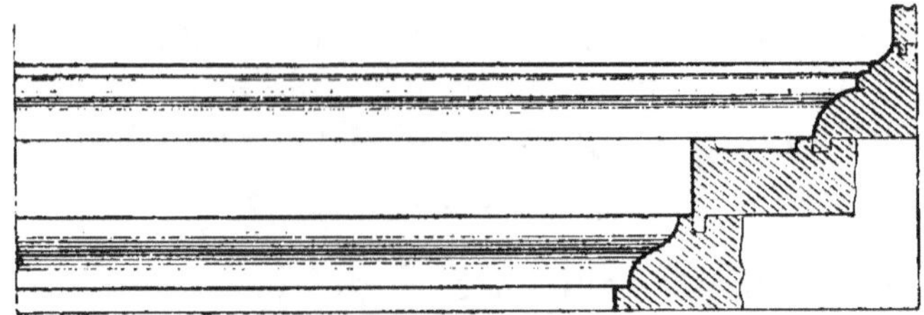

Nous donnons ensuite un genre de corniche volante riche et très compliquée.

Les modillons rapportés peuvent être en pâte, car, sculptés en bois, ils seraient fort coûteux.

Les denticules et leur filet sont en bois et collés.

Le fronton représenté dans cette même planche peut être exécuté en bois avec retour de profil de son épaisseur ou de toute sa saillie.

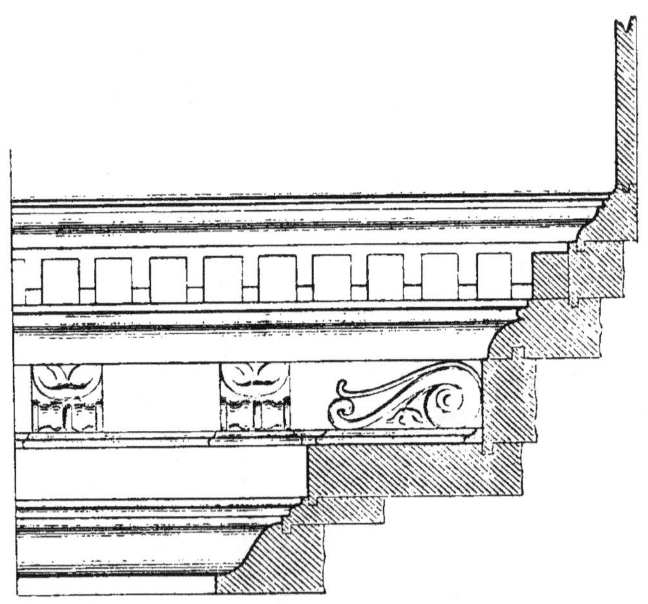

Corniche volante en plusieurs parties embrevées avec modillons et denticules.

On préfère ordinairement les faire en plâtre ou en pierre, à moins qu'ils ne soient destinés à couronner un travail de menuiserie placé à l'intérieur.

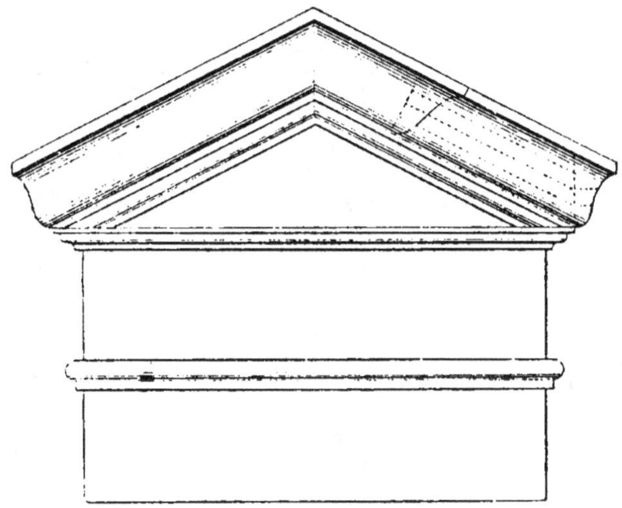

Lorsqu'un fronton de cette sorte est exécuté en pierre ou en plâtre, il sert ordinairement à couronner une baie de croisée ou celle d'une porte bâtarde à l'entrée d'une allée.

La figure de la page suivante représente l'élévation et le plan d'un chambranle élégi dans la masse, c'est-à-dire que les moulures sont prises dans l'épaisseur du bois.

Les socles sont rapportés.

Ce genre de chambranle est employé le plus souvent lorsqu'il s'agit de la décoration plus ou moins compliquée d'une base de porte.

La figure ci-dessous A montre l'assemblage d'onglet de ce chambranle.

La coupe transversale représente le contre-chambranle et les ébrasements embrevés.

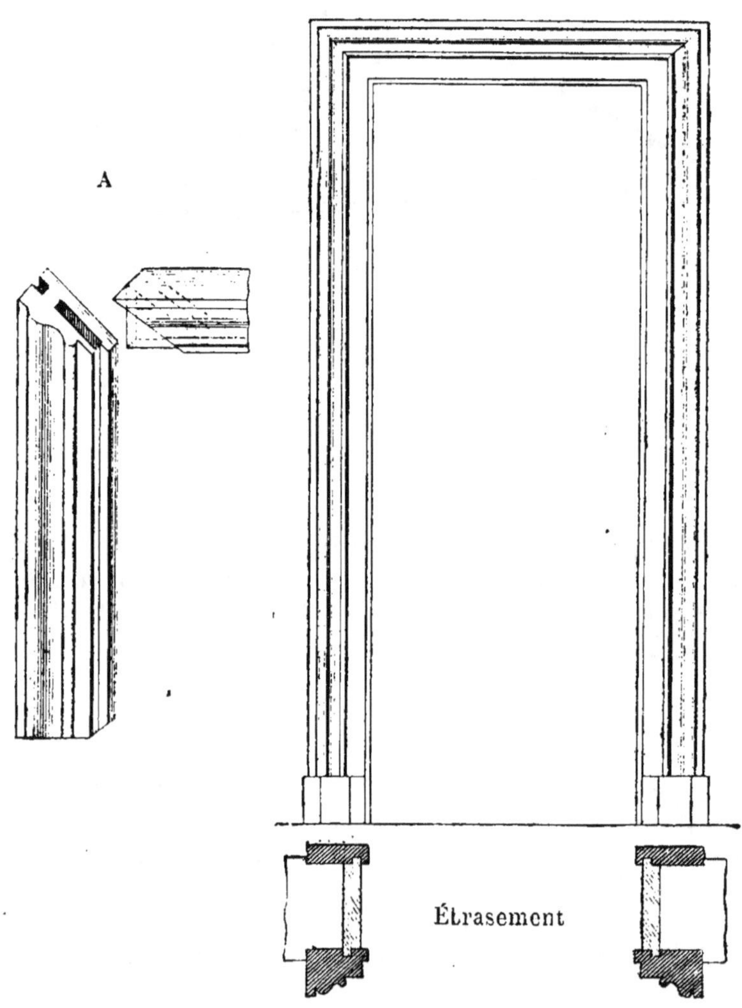

Chambranle ravalé dans la masse avec parclauses rapportées.

On entend, par ce nom de parclauses, les parties d'équerre fermant les profils pour fermer un cadre. Elles sont toujours rapportées d'onglet.

Le ravalement se fait dans la longueur des montants et traverses, et les parclauses évitent de creuser une table renfoncée.

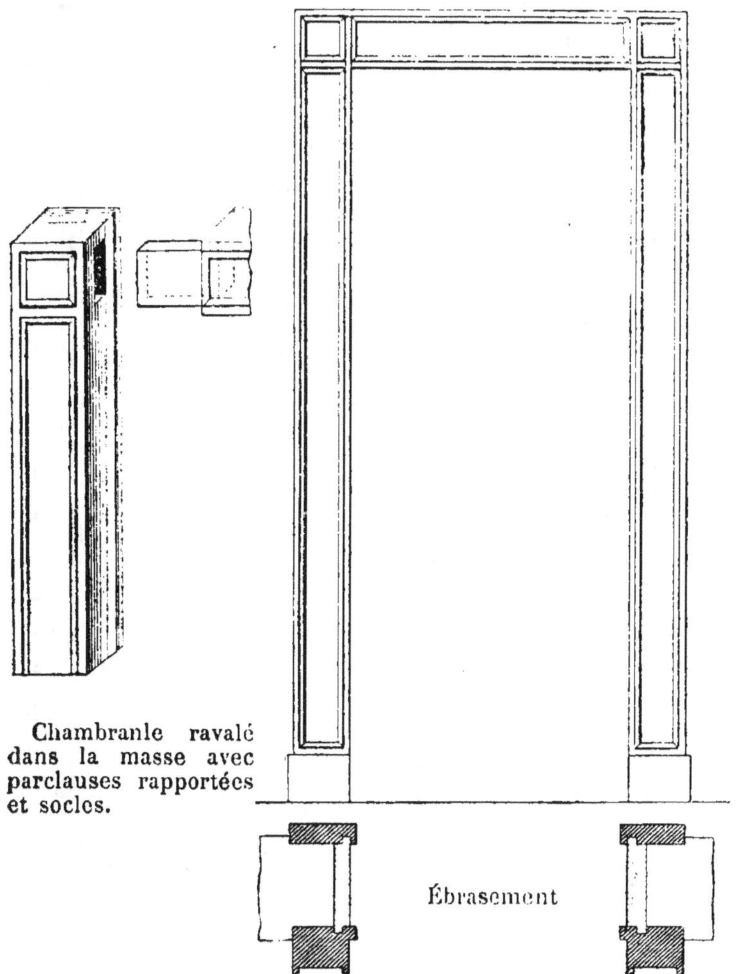

Chambranle ravalé dans la masse avec parclauses rapportées et socles.

Profils et élévations de divers pilastres dont les chapiteaux, astragales, cimaises et socles, sont rapportés. Les cadres et coins de cannelures sont toujours arrêtés par des parclauses, et les chapiteaux, astragales, cimaises et socles doivent être retournés d'onglet de toute l'épaisseur du pilastre.

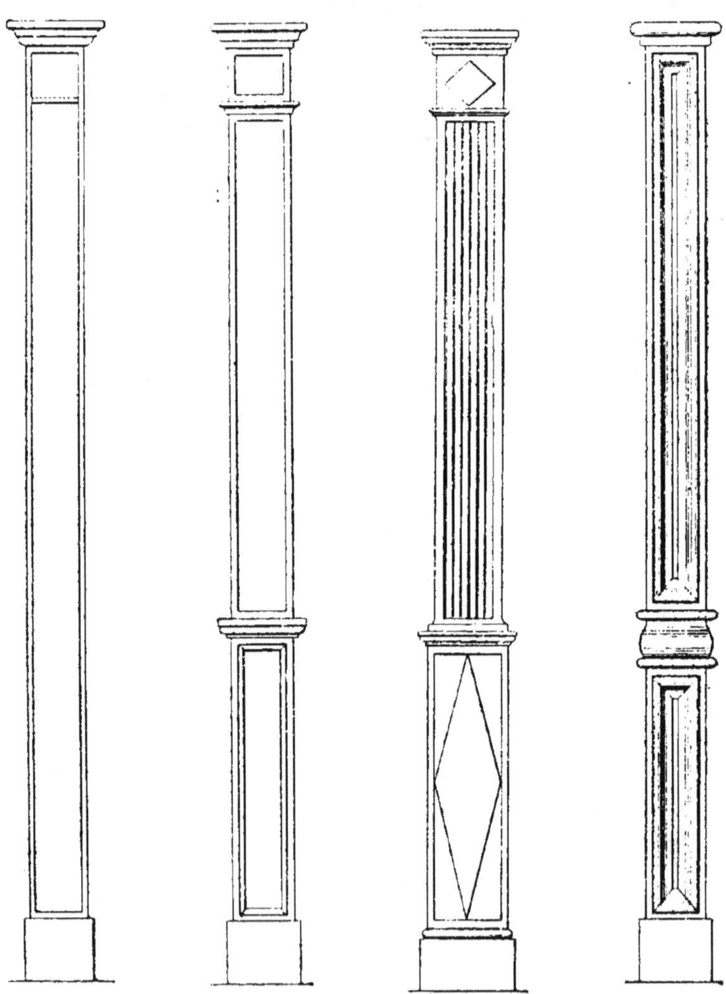

Ces figures représentent diverses décorations qui peuvent être exécutées en menuiserie pour la masse, mais qui, sauf les trois frises A,B,C doivent être sculptées.

L'attique tel qu'il est représenté doit être exécuté en menuiserie dans le genre des corniches volantes.

Cette planche représente la coupe transversale des parties pleines droites, obliques ou cintrées, qui sont dressées ou embrevées avec rainures et languettes; languettes rapportées; joints avec clefs, etc.

La planche représente, en outre, la coupe longitudinale ou verticale de différentes portes pleines.

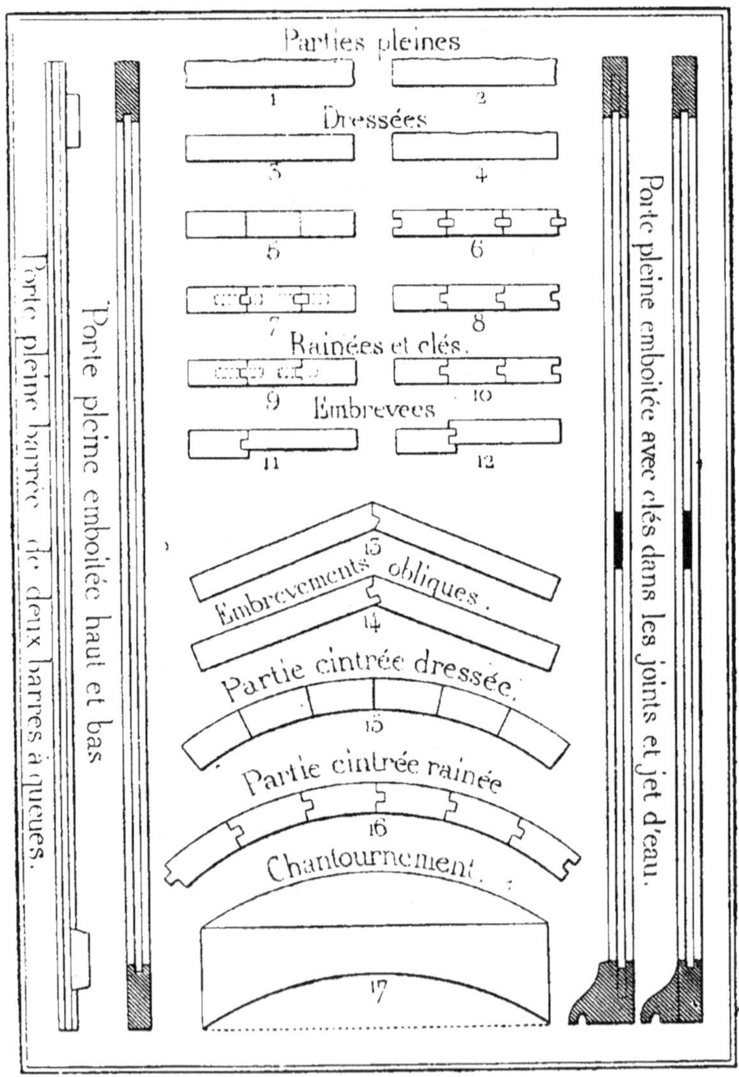

Cette figure représente quatre espèces de châssis :
Le n° 1 est un châssis de comble à deux verres qui

Châssis vitré à glace.
3

Châssis vitré à petits cadres.
4

sont séparés par un petit bois qu'on fait indistinctement en fer ou en bois.

Le n° 2 est un châssis à tabatière. Cette espèce de châssis est en deux parties, dont l'une, le dormant, est retenue sur le comble quelquefois par des pattes scellées ou fixées sur les chevrons, et d'autres fois attachée sur un cadre en bois de champ, qu'on nomme *jouée;* la partie qui est mobile s'ouvre au moyen de charnières placées à sa partie supérieure et ferme à noix sur son dormant; la coupe au-dessous de ces deux figures indique la manière dont ils sont posés.

Le n° 3 est un châssis vitré à glace qui peut être dormant ou ouvrant, dans ce dernier cas il est placé dans un dormant sur lequel il est ferré.

Le n° 4 est un châssis à petit cadre, c'est-à-dire que les montants, traverses et petits bois sont moulurés; il peut être ouvrant ou dormant, comme le précédent.

Les deux coupes transversales des nos 1 et 2 indiquent la façon dont ces châssis ferment.

Seulement le n° 1 n'a pas de bâtis dormant.

Les quatre figures de la page suivante nos 1, 2, 3, 4 sont des châssis vitrés dont les petits bois sont à compartiments, e t qui peuvent être ouvrants ou dormants comme ceux des figures suivantes.

La seule différence consiste dans l'assemblage des petits bois.

Les assemblages de ces petits bois doivent être tracés sur une épure de châssis à exécuter.

Cette précaution est nécessitée par l'irrégularité des coupes qui ne sont ni d'équerre ni d'onglet, et nécessitent l'emploi de la fausse équerre.

1 2

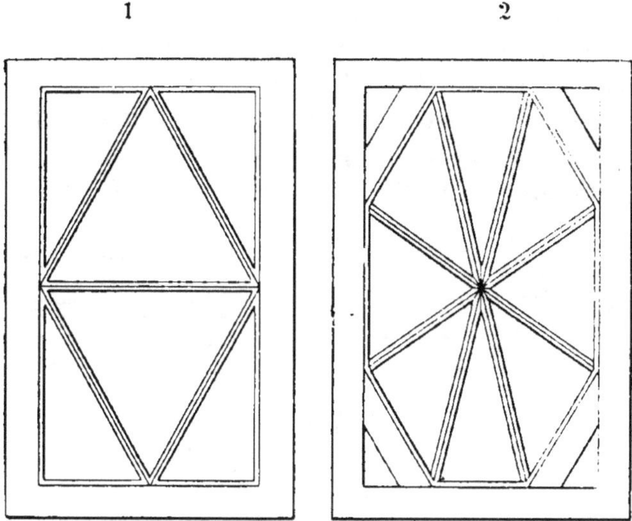

Châssis vitrés avec petits bois à compartiment.

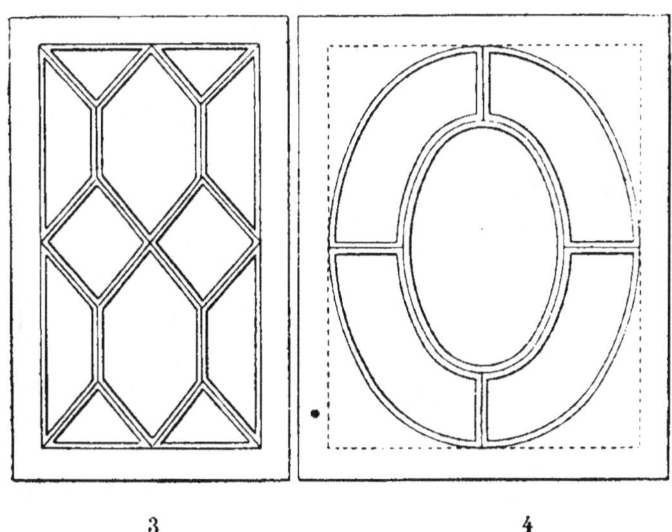

3 4

La figure A est une porte vitrée ; la partie basse, ou appui, peut être arasée et à glace, ou arasée aux deux parements, et même à panneaux embrevés avec cadre ; et à petit ou grand cadre.

La figure B est une porte vitrée à la grecque et l'appui est à petit ou grand cadre. Dans la coupe transversale, la partie vitrée est ouvrante.

La porte vitrée à deux vantaux avec imposte en archivolte est à petits bois disposés en losanges; l'imposte est en éventail orné d'une moulure dont le profil se raccorde avec le ravalement du chambranle.

La figure A est une croisée à deux vantaux, avec jet d'eau et pièce d'appui, fermant à gueule-de-loup.

Les deux coupes, longitudinales et transversales, sont figurées à côté et dessous.

A

La figure B est une croisée à deux vantaux avec imposte en archivolte ; l'autre espèce de fermeture est dite en col-de-cygne; elle est aussi indiquée dans la seconde coupe horizontale qui est au-dessous de la première.

B

4.

Ces figures donnent le détail des deux fermetures des croisées pages 64 et 65, à gueule-de-loup et à col-de-cygne.

Les deux coupes indiquent à la fois la hauteur et la largeur, mais sectionnées.

1 est le dormant.

2, 3 sont les montants de fermeture, l'un à gueule-de-loup, battant mouton, et l'autre à col-de-cygne.

4, montant embrevé donne celui à gueule-de-loup.

6, la traverse du dormant.

7, jet d'eau.

8, pièce d'appui.

Les petits bois sont indiqués.

Fermeture à gueule-de-loup.

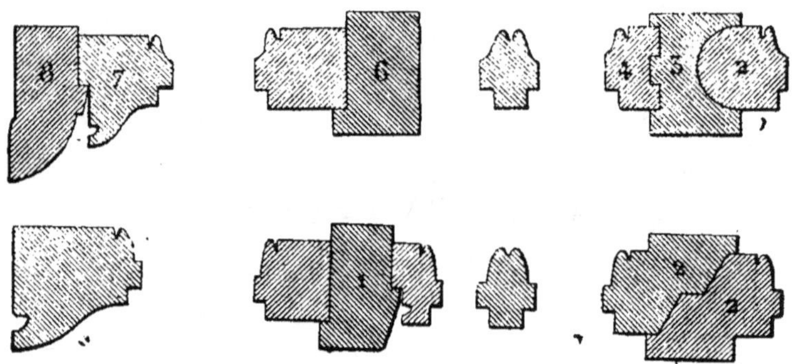

Fermeture à col-de-cygne.

Ces deux genres de fermeture sont indistinctement employés, néanmoins on préfère souvent avec raison celle dite à gueule-de-loup.

Cette figure représente une persienne cintrée, à deux vantaux; les lames peuvent être fixes ou tournantes, ainsi que le représente la figure A.

B est la manière de tracer la place aux tourillons des lames tournantes.

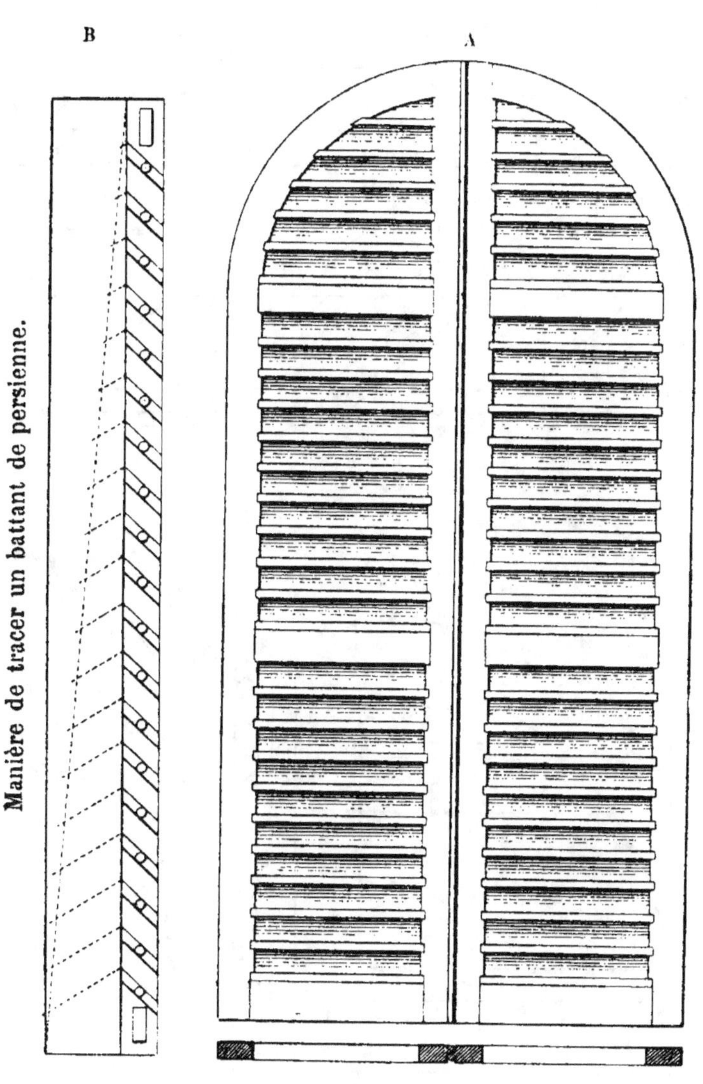

C est une persienne pour séchoir dont les lames tournantes se ferment hermétiquement, les moulures de rive s'encastrant les unes dans les autres, lorsqu'elles sont fermées.

C

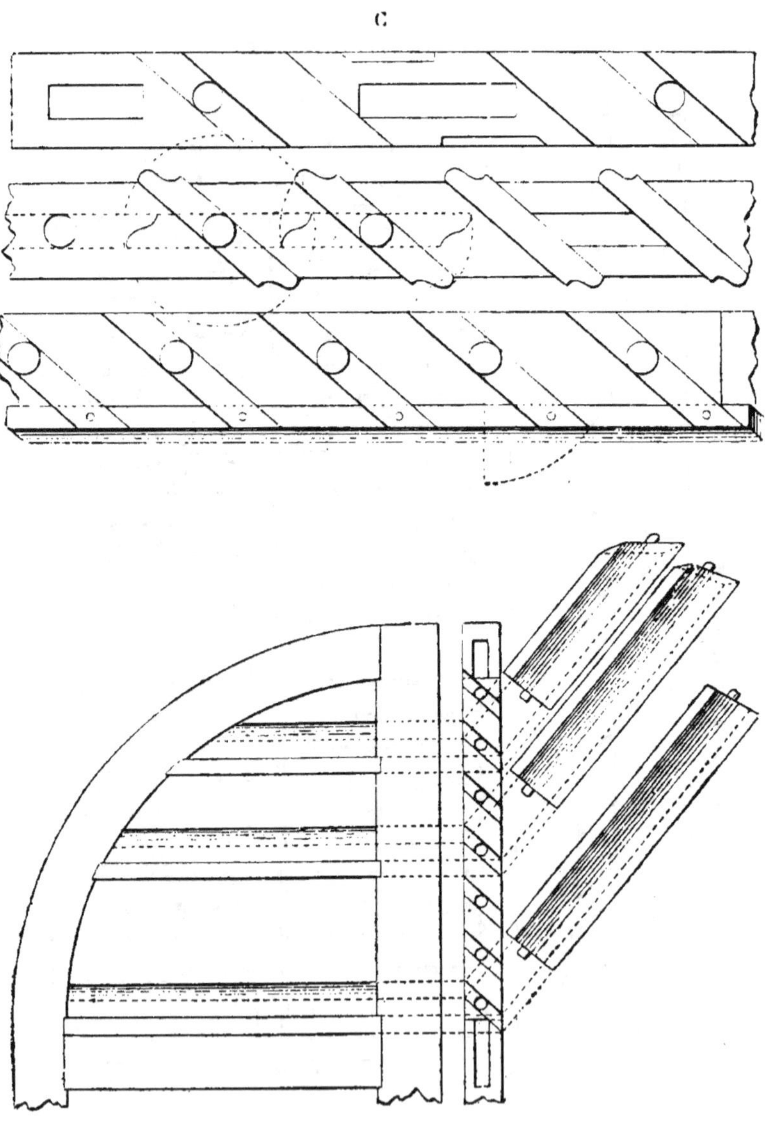

Figure d'une jalousie qui est montée avec des cordes et des rubans.

Aujourd'hui on monte plus souvent les jalousies avec des chaînettes, qui obvient à l'inconvénient de la pourriture des rubans.

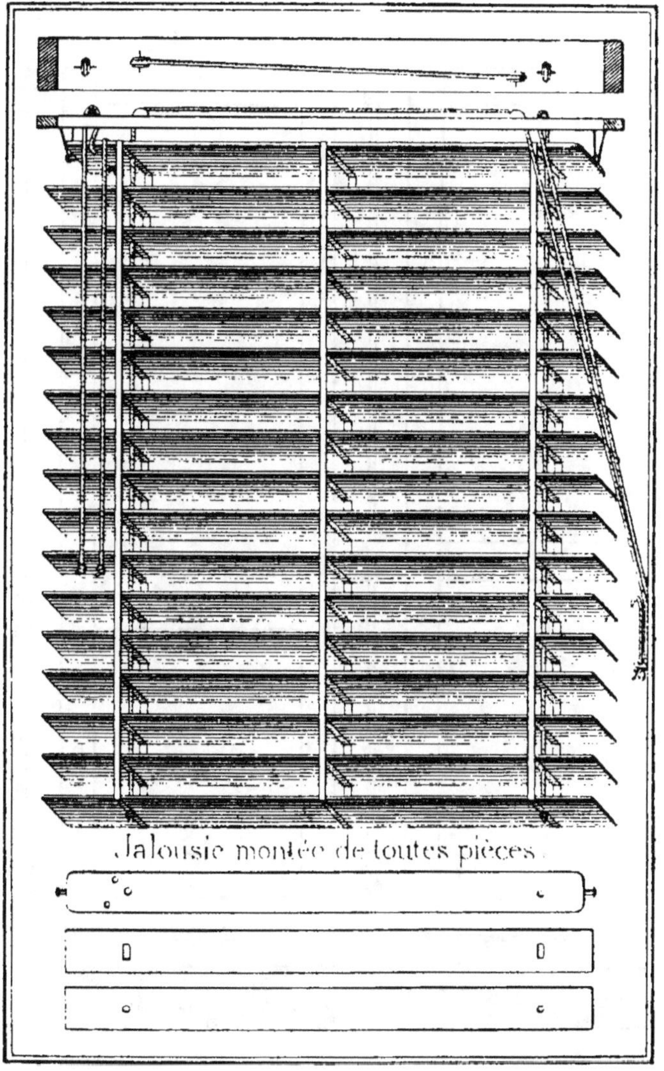

Jalousie montée de toutes pièces.

A est une porte avec panneaux à glace, on voit que le panneau est en retraite aux deux parements.

B, porte semblable avec panneaux arasés et à glace, c'est-à-dire un parement affleurant, et l'autre en retraite.

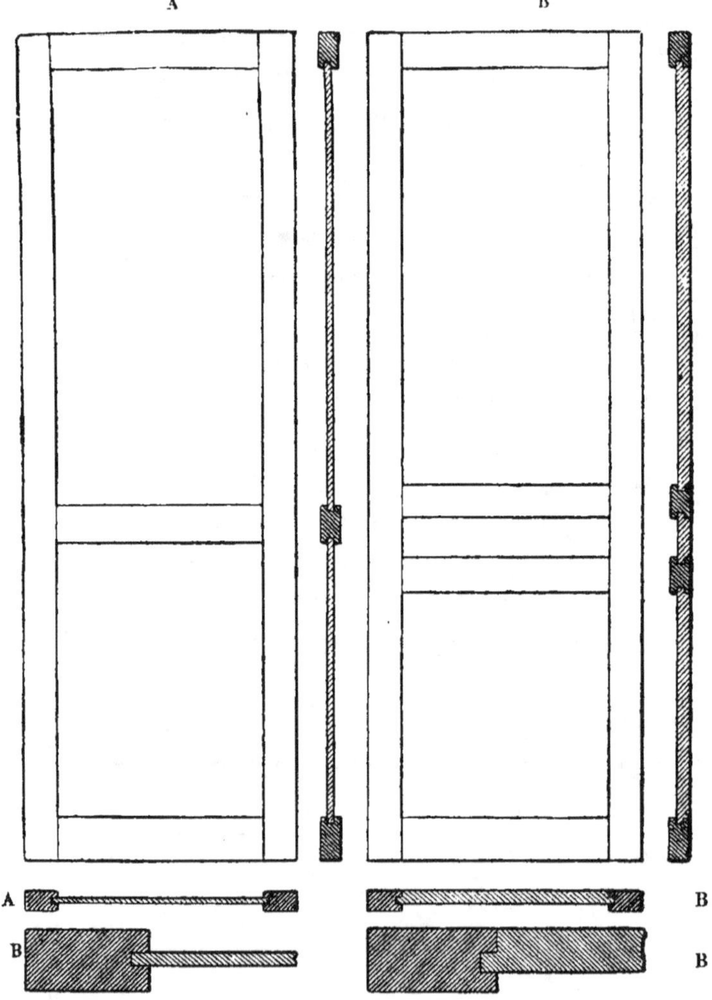

C, porte avec panneaux, à table saillante et à glace, le panneau saillant sur un parement, et en retraite sur l'autre.

D, porte dont les panneaux sont arasés, c'est-à-dire affleurant aux deux parements.

Les coupes indiquent clairement le genre d'embrèvement, et l'apparence des panneaux.

Ce genre de porte ne se fait pour l'intérieur des appartements, qu'avec des cadres en moulures rapportées pour figurer les panneaux, à moins que ces portes ne servent à des clôtures de cabinets noirs ou dans des endroits obscurs, car leur nudité ne s'accommoderait pas d'une trop grande clarté.

Pour être employées comme portes d'armoire, on les fait ordinairement arasées et à glace contre-parement, comme le B de la planche précédente.

Nous donnons à la page suivante les figures de deux portes à petits cadres.

A est une porte à petit cadre arasée au contre-parement.

B est une porte à petit cadre aux deux parements, avec panneaux à plate-bande.

Dans ces deux genres de porte, les panneaux peuvent être faits : pour la porte à un parement à petit cadre le panneau peut être à glace, et pour celle à deux parements il peut être sans plate-bande.

La disposition des cadres n'est pas non plus obligatoire.

Au surplus la disposition du cadre soit d'assemblage, soit rapporté, est entièrement facultative, et c'est l'architecte, l'entrepreneur ou la personne chargée de la direction du travail, qui doit en déterminer l'exécution.

La figure de la page 74 représente une porte à grand cadre.

A est une porte à grand cadre avec moulures rapportées et panneaux à glace; dans cette porte, dont les montants et traverses sont assemblés carrément, les moulures rapportées forment le grand cadre ; elles sont coupées d'onglet.

B est une porte à grand cadre et d'un seul parement, les cadres sont embrevés et les panneaux à plate-bandes au parement, sont à glace au contre-parement qui est uni et sans cadre.

A est une porte à grands cadres embrevés et arasés au contre-parement, avec panneaux à plates-bandes au parement ; les petits panneaux sont à petits cadres.

B est à grand cadre et à petit cadre au contre-pare-

ment, les cadres sont embrevés et les panneaux à glace; les petits panneaux sont à petit cadre et à glace.

C

C, est une porte à grands cadres flottés sur les deux dimensions, les panneaux sont à plate-bande sur un parement et à glace sur l'autre, les petits panneaux sont à plate-bande et à glace.

Les deux coupes horizontales ou transversales de cette porte indiquent la façon dont les panneaux sont embrevés et surtout, la différence de travail existant entre les grands et les petits.

On remarque que les cadres des grands panneaux sont appliqués avec feuillures du côté de la plate-bande; mais embrevés sur l'autre parement dont le panneau est à glace.

Le travail de cette porte demande une grande justesse et beaucoup de précision dans l'exécution, afin d'éviter les bâillements.

Porte d'allée, dite *bâtarde*, avec son couronnement et chambranle.

Cette porte d'allée dite *bâtarde* est à un seul parement à grands cadres embrevés, le contre-parement est arasé. Les panneaux du bas sont saillants au parement, et taillés en pointe de diamant.

Le panneau du haut est vide, et l'emplacement est disposé pour recevoir un panneau en fonte à jour et orné suivant le goût du constructeur.

Le chambranle de cette porte est ravalé et forme deux pilastres qui supportent un couronnement formé d'une corniche qui est soutenue par deux modillons.

Dans cette porte les modillons et la frise sont sculptés.

On voit par les deux coupes, la manière dont les cadres sont embrevés dans les montants et traverses, ainsi que pour les panneaux.

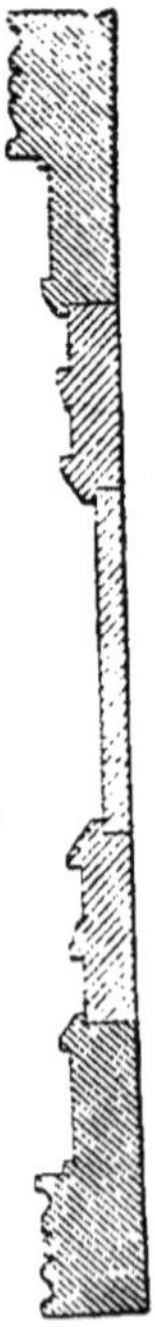

Coupe transversale.

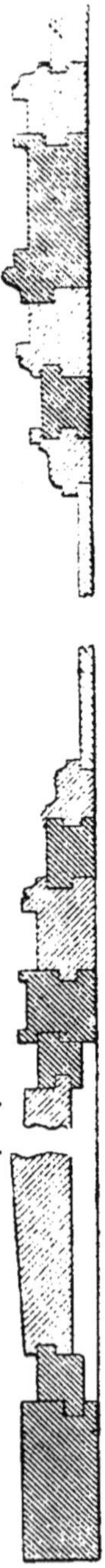

Coupe pour l'embrèvement des cadres et des panneaux.

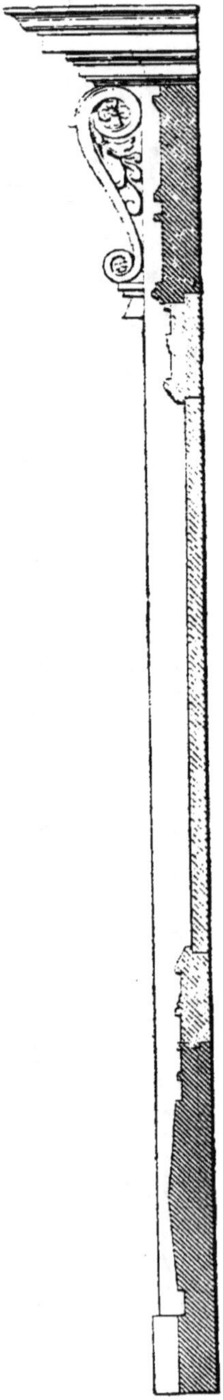

Ces figures représentent les différentes parties d'un siège d'aisances à l'anglaise, dessus à abattant, dossier et coins arrondis.

Ce siège est fait à petit cadre, le bâtis d'encoignure est en deux morceaux d'épaisseur, ainsi que les traverses hautes et basses, les panneaux sont embrevés à glace et arasés.

Le dessus du siège est assemblé d'onglet ; il peut porter outre la lunette, deux trappillons pour le service de l'eau, etc.

A
B
C

La figure précédente représente une porte cochère ornée de différents motifs. Le guichet est indiqué à droite.

On voit, par la coupe transversale de cette porte, qu'il existe un bâtis principal dans lequel sont embrevés, les deux guichets dont l'un, celui de gauche, dans cette porte, est dormant, tandis que celui de droite est ouvrant; les panneaux sont embrevés de toute épaisseur.

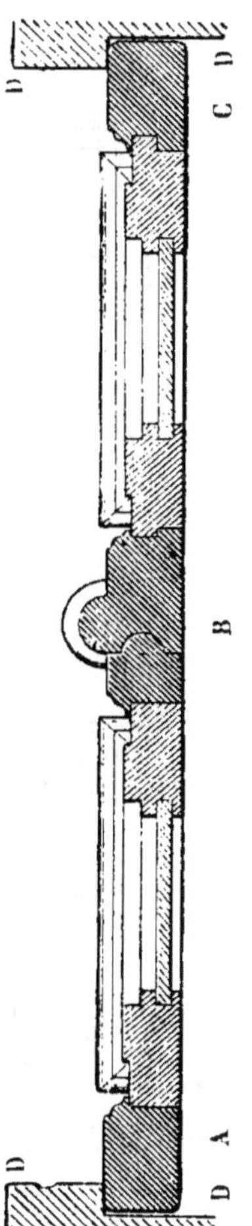

Les tapées, cimaises et cadres rapportés, sont collés à plat joint et les cannelures et tables renfoncées, sont arrêtées par des parclauses.

Il n'y a pas de sculpture dans le dessin de cette porte, tous les ornements sont exécutés en menuiserie.

La fermeture est à gueule-de-loup, mais on peut la faire à col-de-cygne ou même à feuillures.

Nous donnons ci-joint le plan de cette porte, la grandeur de notre format ne nous permet pas de le mettre à sa place, mais il est facile de se rendre compte de celle qu'il devrait occuper par les lettres A, B, C.

La chaîne de pierre qui est indiquée dans le haut de la porte descend de chaque côté, à droite et à gauche, et a du reste sa base indiquée en D sur le plan.

Modèle d'une devanture de boutique vitrée de glaces, avec petits bois montants en fer; la porte est enfoncée avec ébrasements vitrés, la fermeture de cette devanture peut être effectuée par des volets

Devanture

mobiles ou à charnières qui seraient logés dans les caissons d'extrémités.

La fermeture peut aussi être opérée par les procédés Maillard, etc. Se déployant en feuilles de tôle, il faudrait alors modifier la forme et la construction du tableau de frise.

de boutique.

Dessin d'un intérieur de magasin avec casiers, abattants, parquet de glace et comptoir.

Tous les abattants sont encadrés d'onglet, à petit cadre, panneaux à glace et arasés; on voit le dégagement pratiqué dans le rayon saillant afin de permettre le redressement de l'abattant qui est ferré à char-

Intérieur de

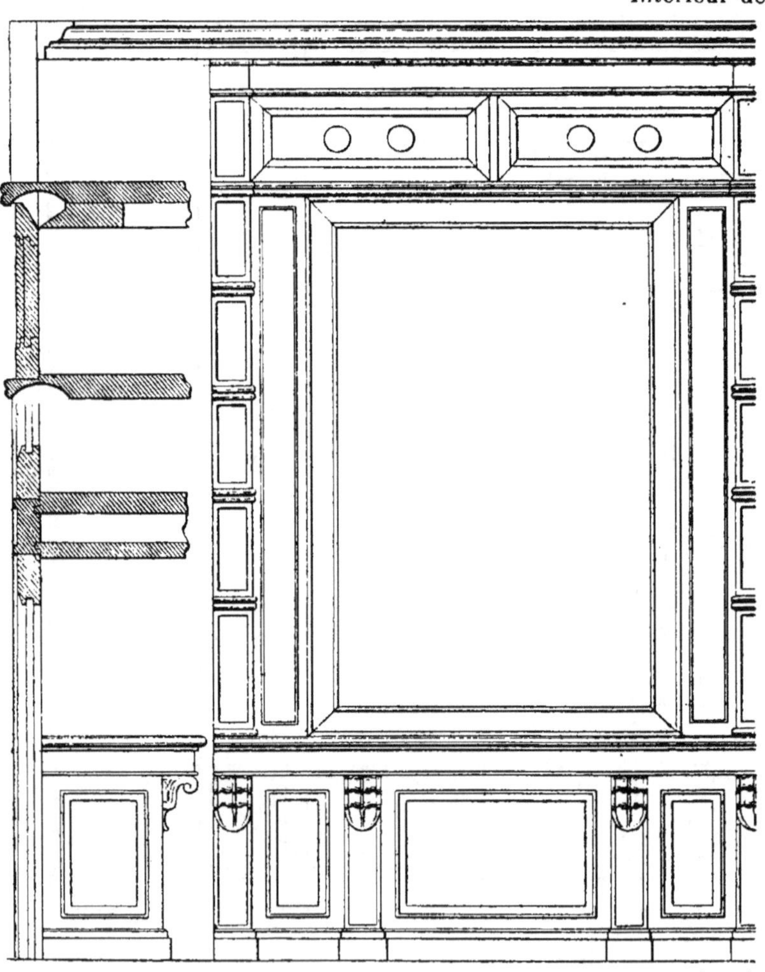

Coupe.

nière, sur une traverse mobile qui lui sert de guide et glisse sur une coulisse disposée à l'intérieur de la case.

On doit faire attention à disposer les boutons ou plaques d'étiquettes de chaque abattant de façon à ce qu'ils n'en dépassent pas l'épaisseur, sans quoi il ne

magasin.

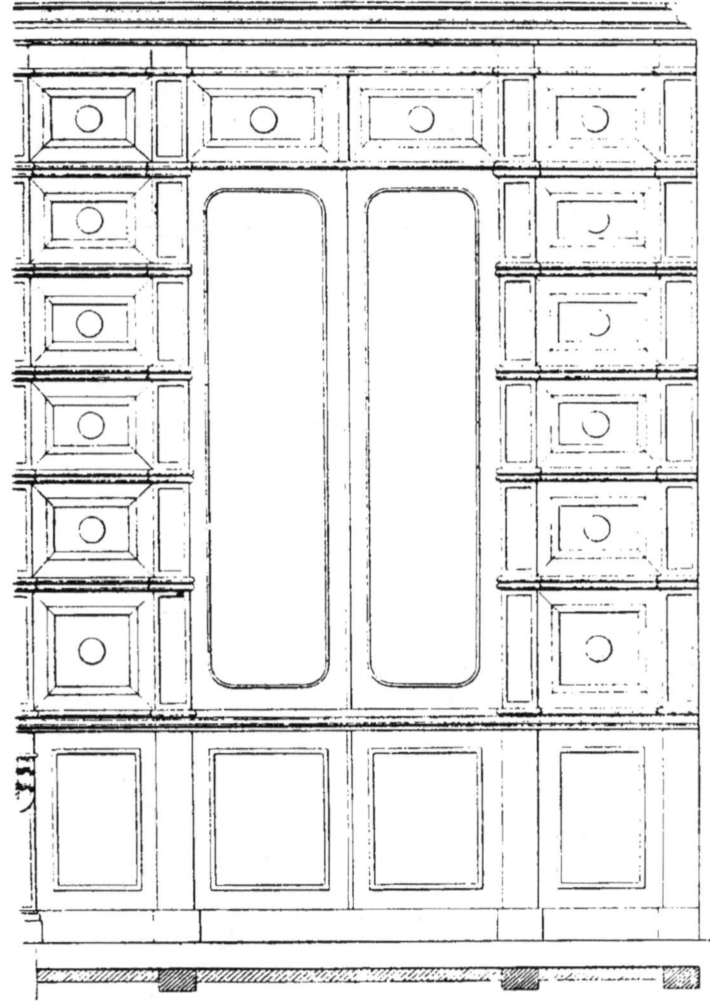

serait pas possible de faire rentrer l'abattant dans sa coulisse.

La hauteur des cases doit être en raison de leur profondeur, à moins qu'on ne laisse saillir les abattants s'ils sont plus hauts que les cases ne sont profondes.

La figure des pages 86 et 87 représente le même intérieur, mais avec une cheminée et pas de comptoir.

de magasin.

Ces figures représentent différentes sortes de parquets.

1° Le parquet en frises à l'anglaise qui s'exécute en frises de sapin aussi bien qu'en frises de chêne, qui sont jointes bout à bout et à rainure et languette suivant leur longueur ; il faut avoir soin, quand on fait des joints de bout, de les faire porter sur une lambourde en les disposant à cet effet.

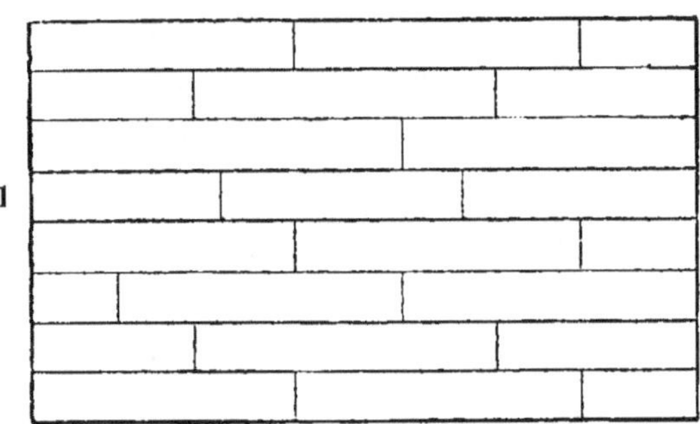

2°, 3° Parquet à bâtons rompus, qui se fait au moyen de frises coupées toutes de même longueur

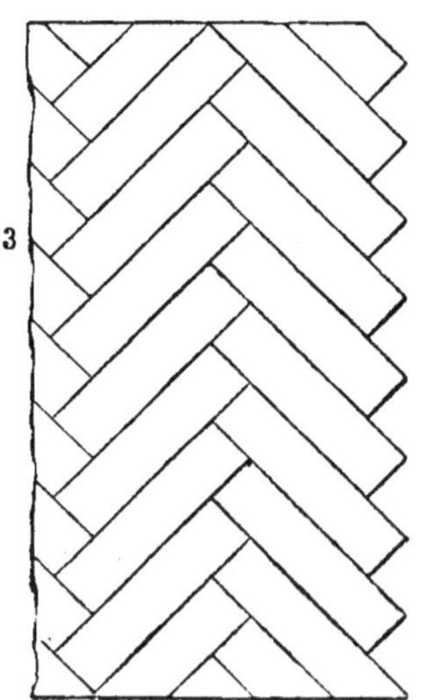

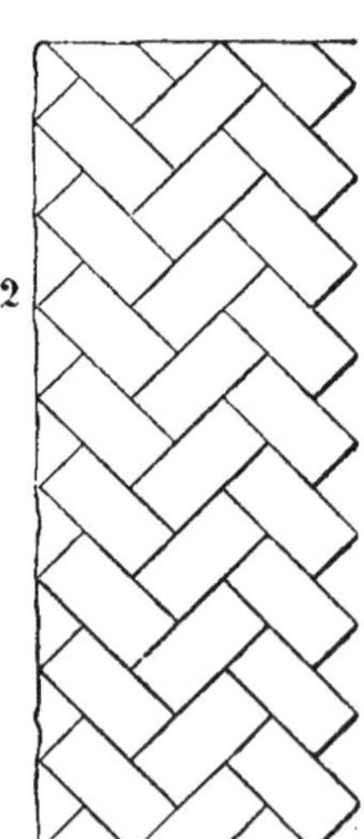

et dont les joints de bout doivent porter sur les lambourdes.

4° Parquet en feuilles qui n'est plus guère usité.

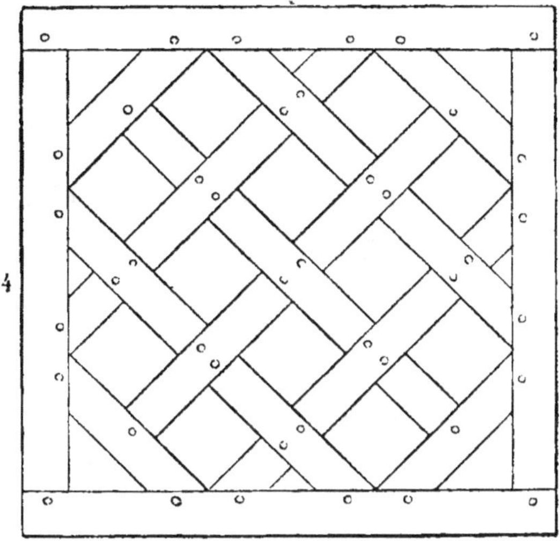

4

5° Point de Hongrie ordinaire.

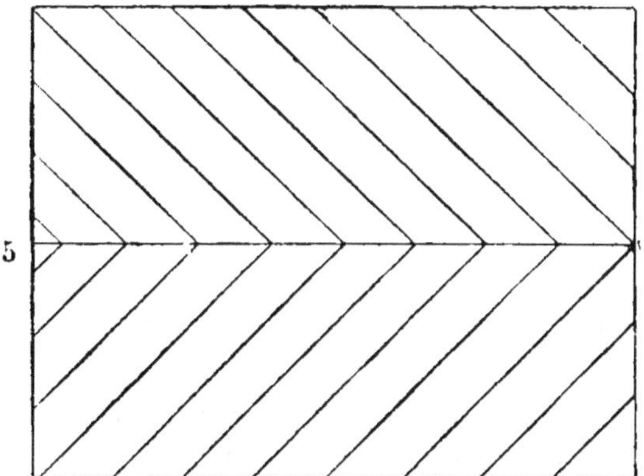

5

Les parquets en bois de merrain sont exécutés en bois de $0^{m},027$ à $0^{m},034$; l'écartement, comme les autres parquets.

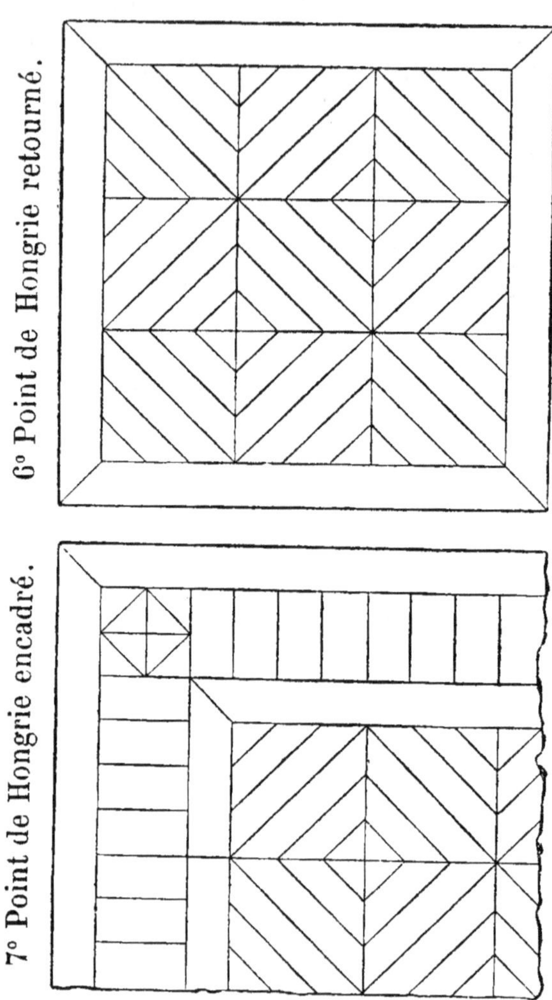

6° Point de Hongrie retourné.

7° Point de Hongrie encadré.

La largeur des frises est ordinairement de 0m,08 à 0m,11 et l'écartement des joints de 0m,30 à 0m,50 suivant le genre.

Ces diverses espèces de parquets s'exécutent en frises de différentes largeurs et en bois de 0m,027 ou 0m,034.

Cette figure représente une lanterne de comble, on voit que la projection du plan, fig. 1, présente fig. 2, l'élévation et coupe des châssis vitrés et la

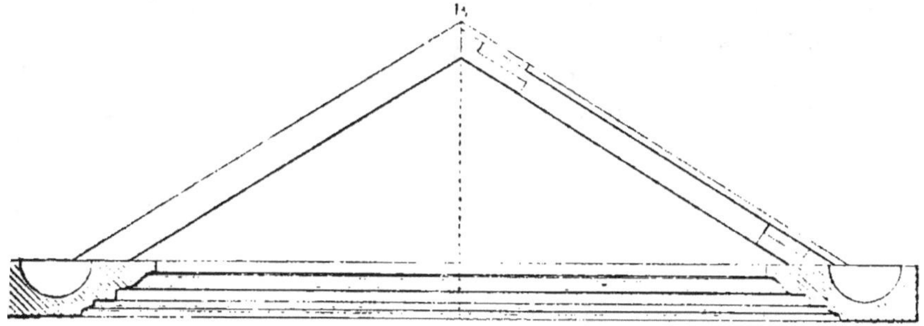

Fig. 2.

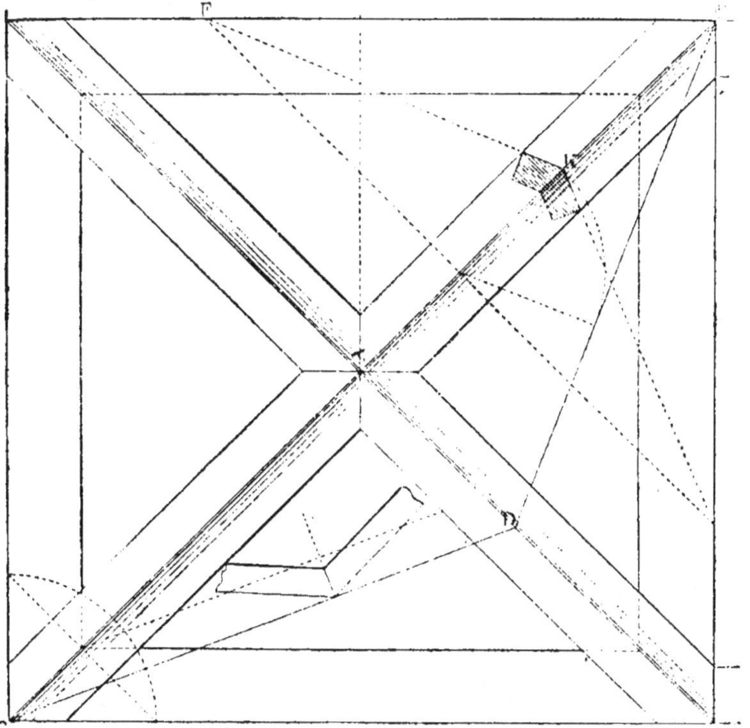

Fig. 1.

figure 3, celle des arêtiers ; le détail de ce travail est facile à concevoir, l'élévation fig. 3, donne la hauteur et la coupe des assemblages à la pointe ou sommet. La figure 4 est un poinçon ajusté sur le sommet de la lanterne, et la figure 5 représente un poinçon dans lequel viennent s'assembler le bout supérieur des arêtiers.

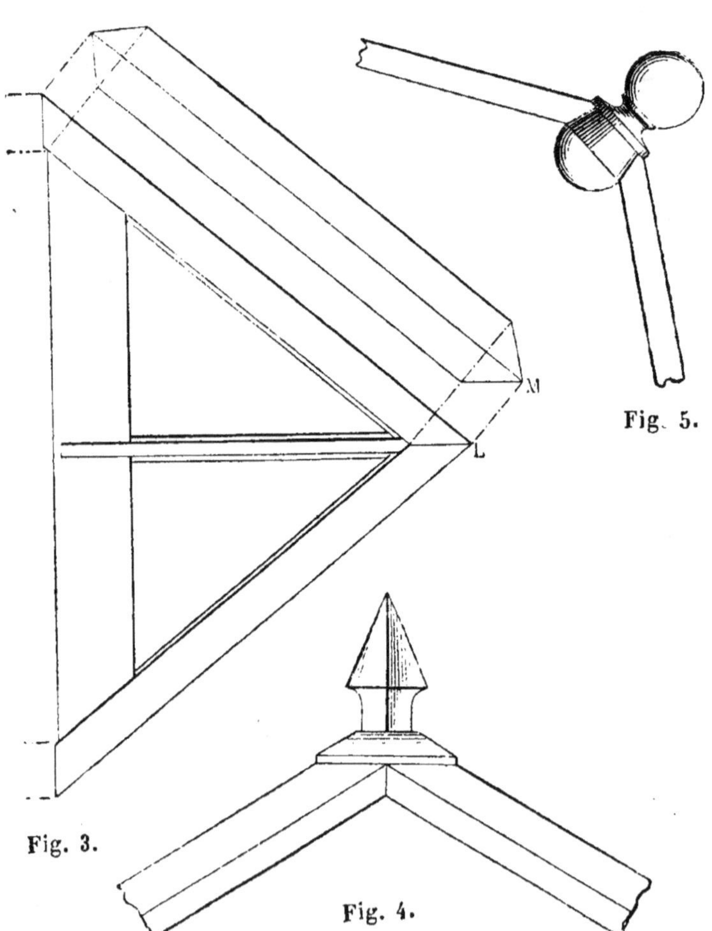

Fig. 5.

Fig. 3.

Fig. 4.

Ces figures représentent la manière de réduire ou augmenter les profils.

On voit qu'il s'agit de retourner à angle droit le profil proposé, en lui donnant plus ou moins de largeur, c'est donc sur la ligne du bas qu'on opère après qu'elle est retournée d'équerre, voyez, A. Sur la ligne B, portez la largeur désirée soit en plus, soit en moins ; cette largeur vous fera établir la ligne C ;

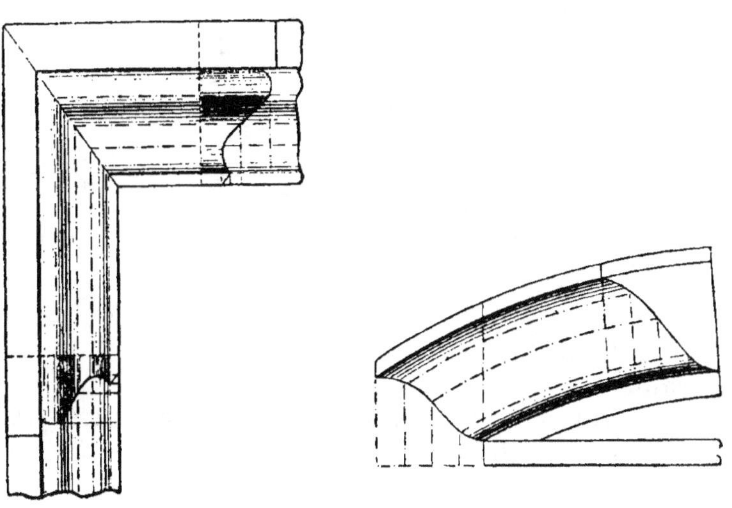

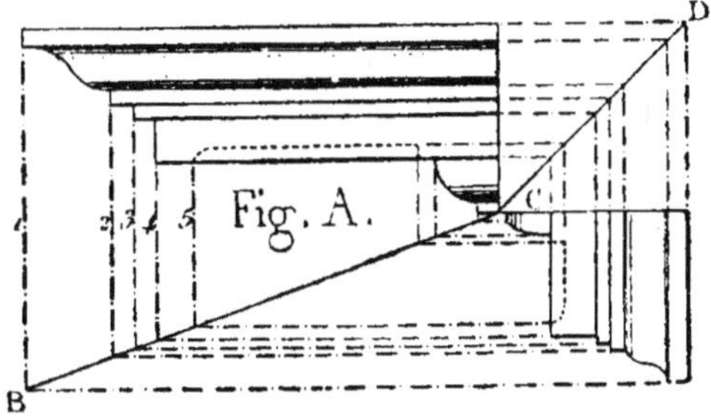

alors, des deux angles, tracez une diagonale sur laquelle des lignes du profil seront retournées ; plus l'angle formé par la diagonale s'éloignera de l'onglet

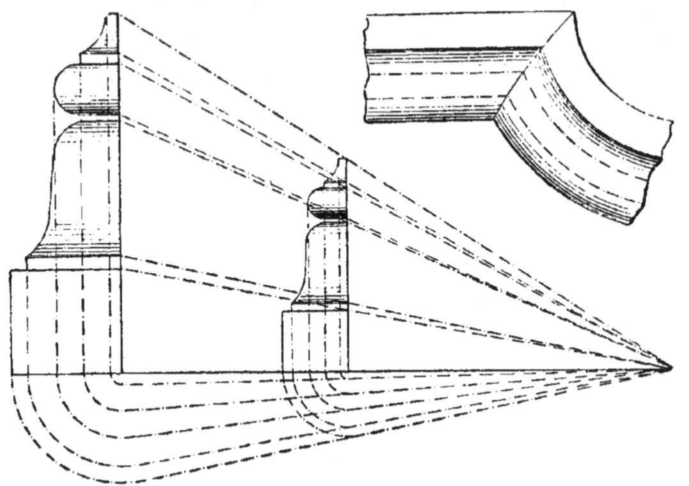

ou 45°, plus la diminution ou augmentation sera grande.

Les retours de profil indiqués par ces autres figures, partant du même principe, sont faciles à concevoir.

CHAPITRE VIII

Des escaliers.

L'escalier est la partie d'un édifice servant à établir la communication entre tous les étages et le rez-de-chaussée; il est formé de degrés nommés *marches*.

Les points d'arrêt sont des paliers.

L'espace qui contient l'escalier se nomme *cage de l'escalier*.

La largeur des marches, est le giron qui doit être mesuré au milieu de leur largeur.

L'emmarchement, est la largeur des marches.

Les contre-marches, sont les pièces qui forment le devant des marches.

La rampe ou volée d'escalier, est une suite non interrompue de marches, conduisant d'un palier à un autre.

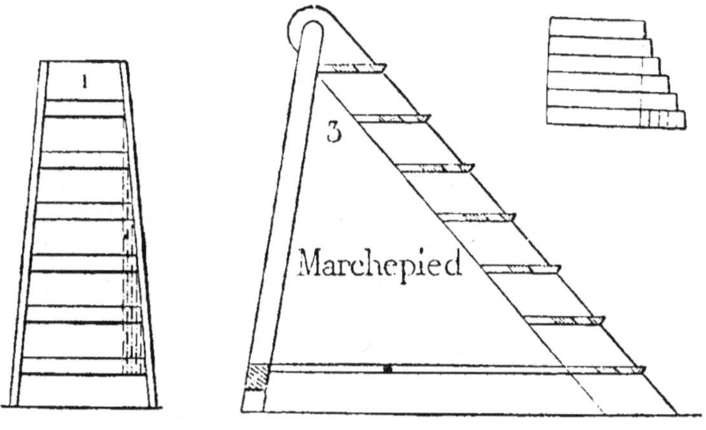

Le limon est une pièce de bois qui porte le bout isolé des marches, il est quelquefois apparent par son épaisseur, et d'autres fois, formant la crémaillère sous les marches dont le bout est contre-profilé.

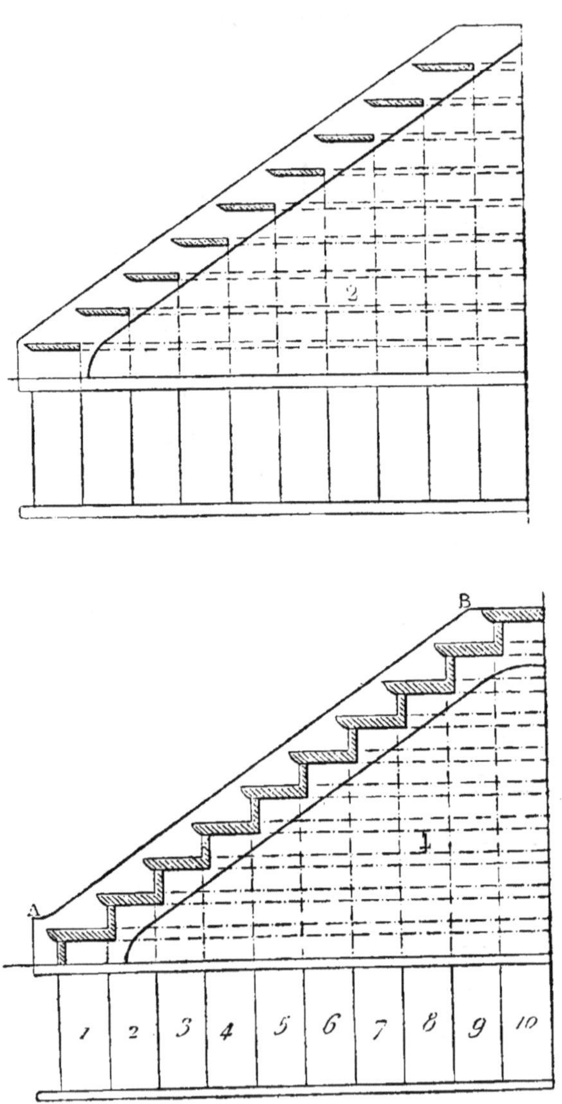

Le faux limon est une pièce qui, rampante, est posée contre le mur et destinée à soutenir le bout des marches qui ne peuvent être scellées, ou qui se trouvent sur un vide.

Il y a plusieurs sortes d'escaliers, à part les échelles de meunier :

1° L'escalier droit ;

2° L'escalier à quartier tournant ;

3° L'escalier à l'anglaise ;

4° L'escalier à consoles.

Et d'autres qui, comme la vis Saint-Gilles ou à noyau, sont en usage seulement dans les espaces trop resserrés pour y développer une autre sorte d'escalier.

Pour établir un escalier, il faut d'abord prendre exactement la hauteur qui existe entre deux planchers, épaisseur comprise.

Le plan de la cage étant tracé, il faut diviser la hauteur en autant de parties qu'on veut établir de marches ; il faut toutefois faire attention que ces marches ne doivent pas avoir moins de 0m,11 de hauteur, et jamais plus de 0m,19 ; les fractions sont autant que possible ramenées à l'entier.

La hauteur des marches étant déterminée, il faut sur le plan de la cage marquer l'emmarchement de l'escalier, le milieu de l'emmarchement donne la ligne de foulée, sur laquelle on fera la division du nombre de marches établi sur la hauteur d'étage. Puis on tracera les marches sur le plan en faisant danser celles qui sont aux angles qu'on arrondit toujours en traçant un quart de cercle proportionné au vide de la révolution ou détour.

La manière de faire danser les marches consiste à partager la distance du point B au point D, fig. page 98, en autant de marches que le giron demandera, et de ces points à ceux de division de la ligne de foulée, on aura la direction des marches dansantes.

La figure ci-dessous représentant un escalier à

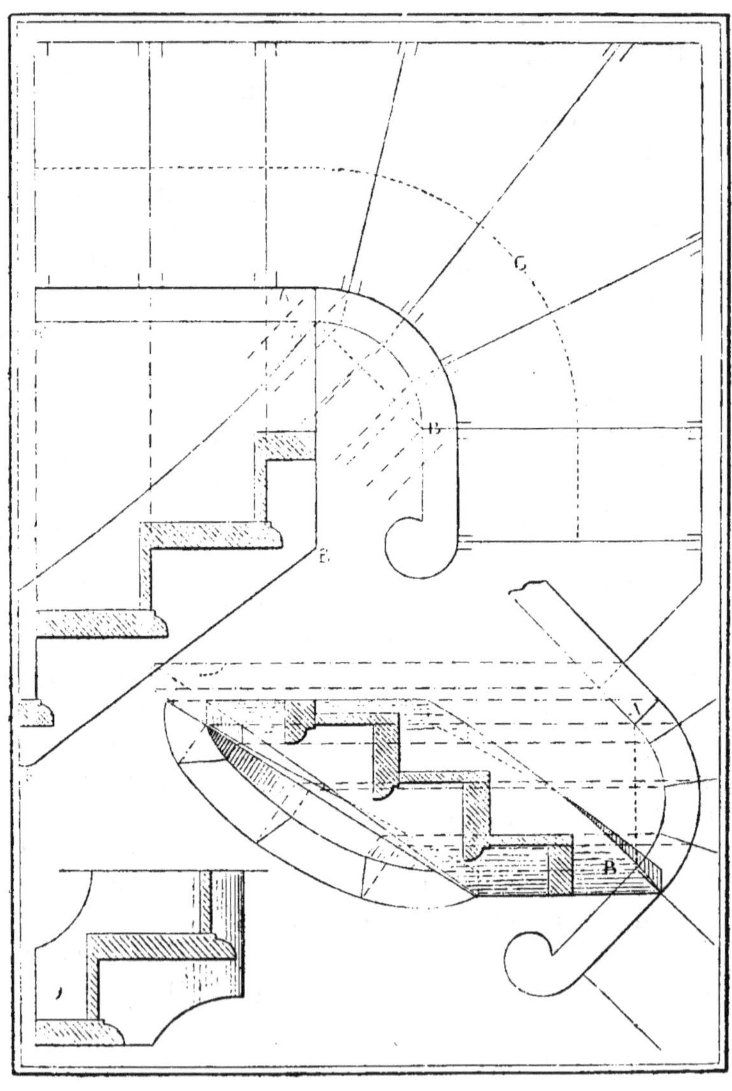

quartier tournant, indique, outre le moyen de faire danser les marches, celui de relever les limons.

Pour le limon droit C A, il faut prolonger la ligne de la jonction avec la courbe et celle d'extrémité, qui donne la ligne oblique E et les lignes des marches et contre-marches, et avec le compas faire une section égale au nez des marches et à l'arête du dessus de la contre-marche, afin de déterminer la largeur qu'on veut donner au limon A; pour relever la partie cintrée du limon, mener une ligne du point D à B, ce qui est la même opération qu'au limon droit, et ensuite du limon conduire les lignes comme il est indiqué, l'on obtient ainsi la courbe circulaire de ce limon.

Ce genre d'escalier peut être indifféremment exécuté avec marches contre-profilées, sur un limon à crémaillère, ou encastrées dans un limon plein.

Escalier à l'anglaise.

Sur un plan circulaire ; les marches sont contre-profilées aux deux bouts, et les contre-marches d'onglet.

On commencera, comme au précédent escalier, par faire le plan (voyez la figure page 101), puis marquer la division de hauteur pour le limon ou noyau intérieur ; il faut toujours mener une ligne droite A B, ayant le soin de prendre cette ligne au droit des coupes, ou rencontre des limons, et à augmenter pour les coupes à crochet ; et de cette ligne A B on conduira des lignes verticales selon les marches et contre-marches, ce qui donnera le limon F C, G D, puis en retournant ces mêmes lignes sur H, I, E, vous avez la courbe ou calibre rallongé.

Pour le limon extérieur, on répète la même opération pour la ligne I H, ce qui donnera la courbe L M.

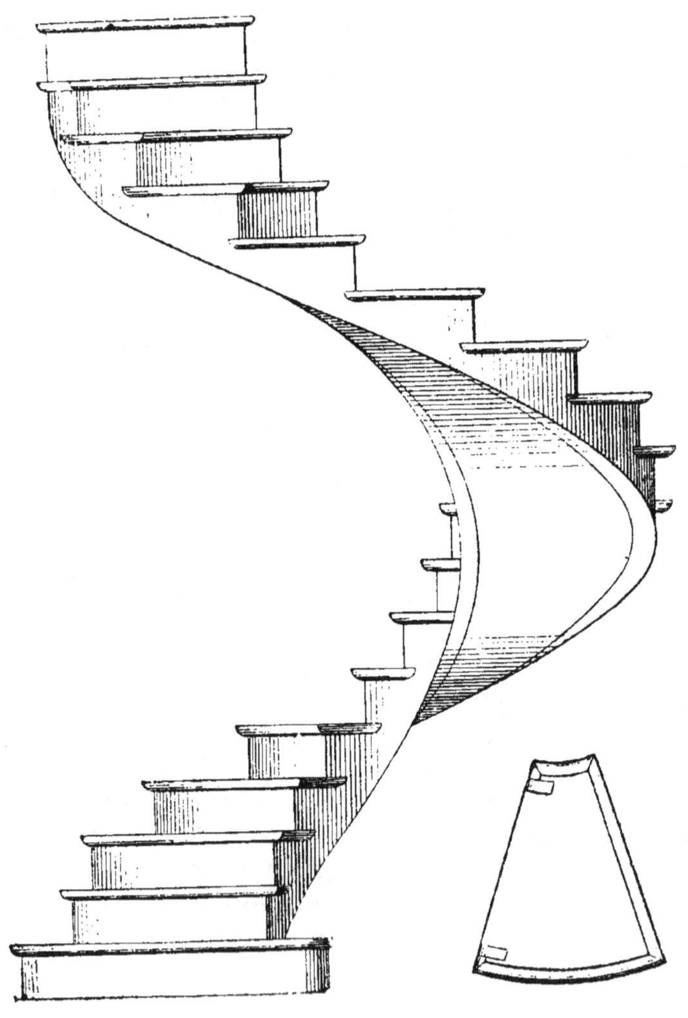

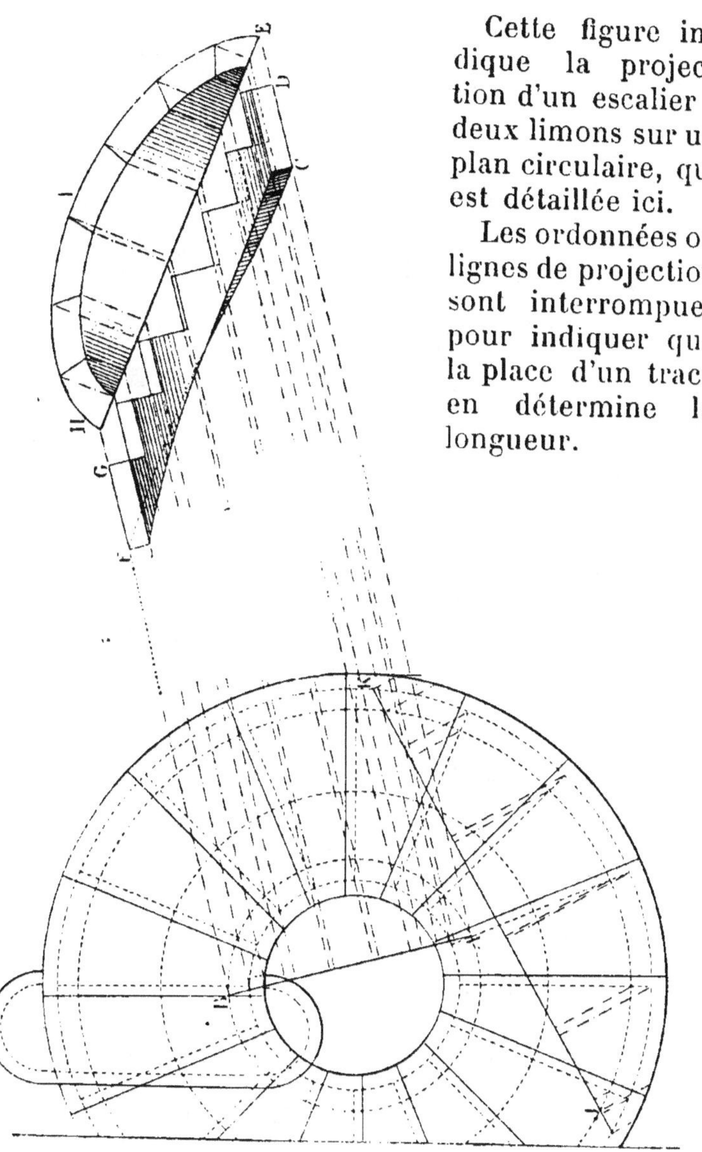

Cette figure indique la projection d'un escalier à deux limons sur un plan circulaire, qui est détaillée ici.

Les ordonnées ou lignes de projection sont interrompues pour indiquer que la place d'un tracé en détermine la longueur.

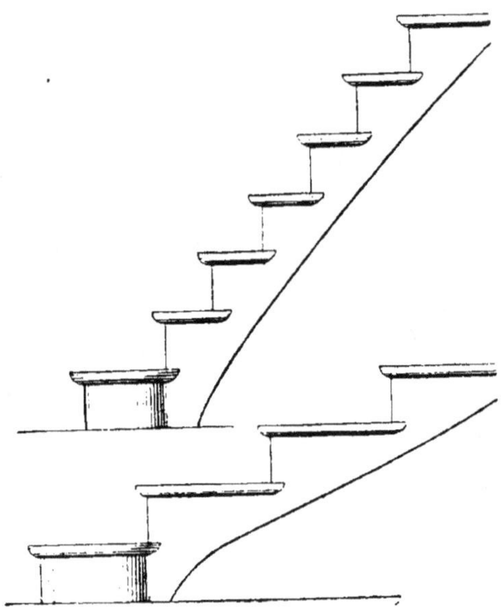

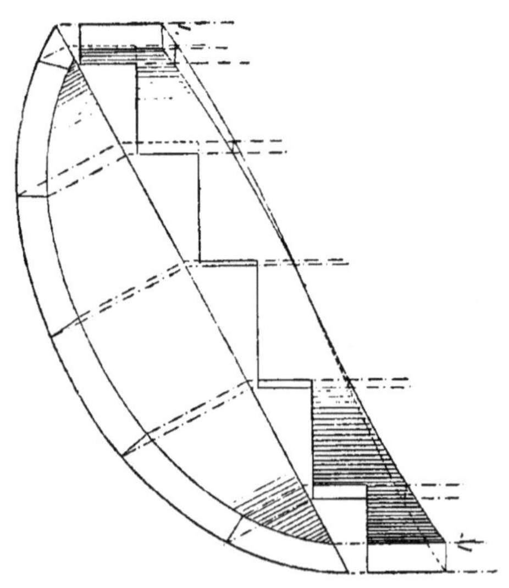

Escalier à consoles.

Il faut procéder pour ce genre d'escalier comme pour le précédent en ce qui concerne le tracé et la division des marches, seulement ce sont les consoles

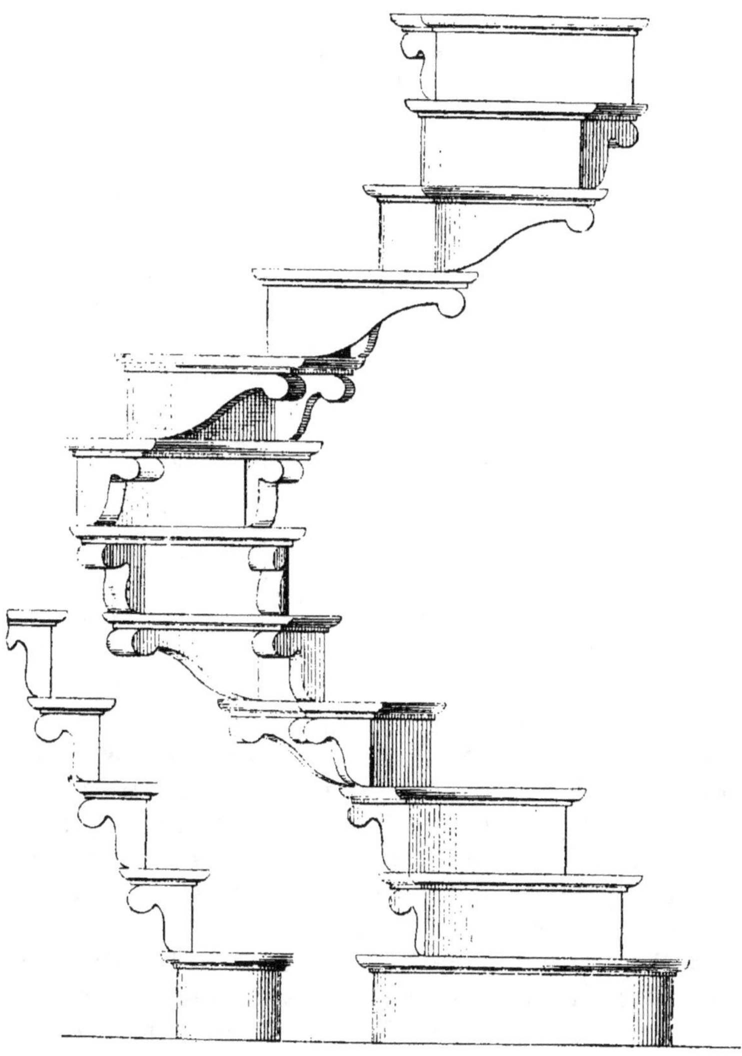

qu'on rapporte sous les marches qui forment la crémaillère ou limon, ce qui procure de l'économie pour le bois, mais il y a plus de main-d'œuvre.

Ces consoles se fixent avec des vis sous la marche.

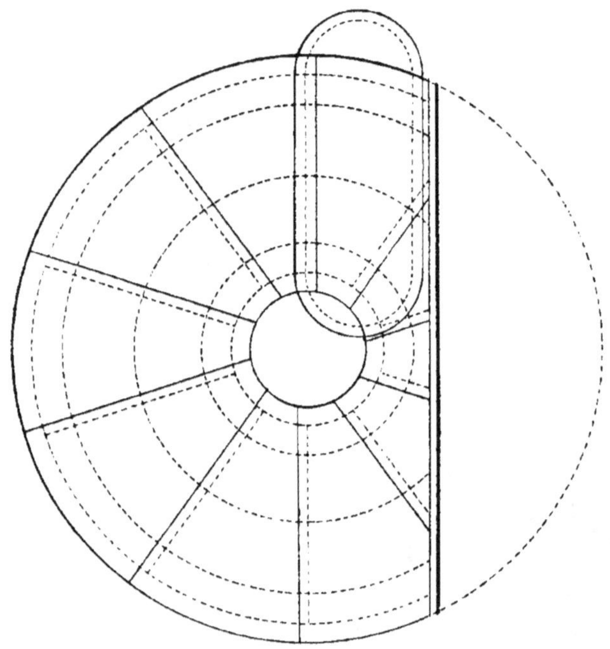

Ce genre d'escalier est peu employé, et d'ailleurs, pour celui-là comme pour les autres, depuis assez longtemps, les escaliers sont devenus des travaux du domaine des charpentiers, on ne fait plus, ou très rarement des escaliers, qui, comme jadis, étaient des travaux, dans lesquels toute la science et l'art du menuisier pouvaient se déployer.

La figure de la page 103 est cependant destinée à reproduire les détails de l'escalier à consoles; outre la volée et le plan de l'escalier, elle présente le détail des marches et des consoles, fig. A, B, C.

1, 2, 3, sont les différents genres de main courante, à profil en olive et à gorge simple et ornée d'un carré et d'un congé.

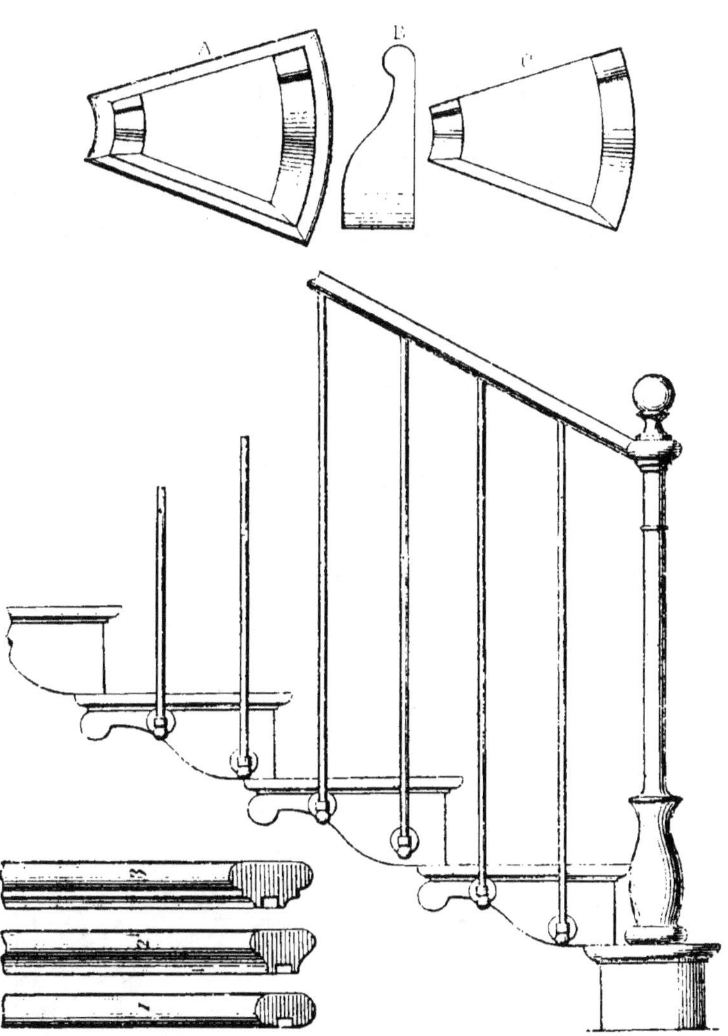

Mains courantes.

CHAPITRE IX

Menuiserie d'église.

Cette figure représente un autel forme tombeau en menuiserie.

Après avoir tracé le devant de l'autel, fig. 1, il faut abaisser les lignes des saillies afin de tracer le plan en longueur 3, et celui en largeur 4; ces lignes indiquent la pente du devant et du côté.

Mener ensuite les lignes de B à A C, ce qui donne

Fig. 1.

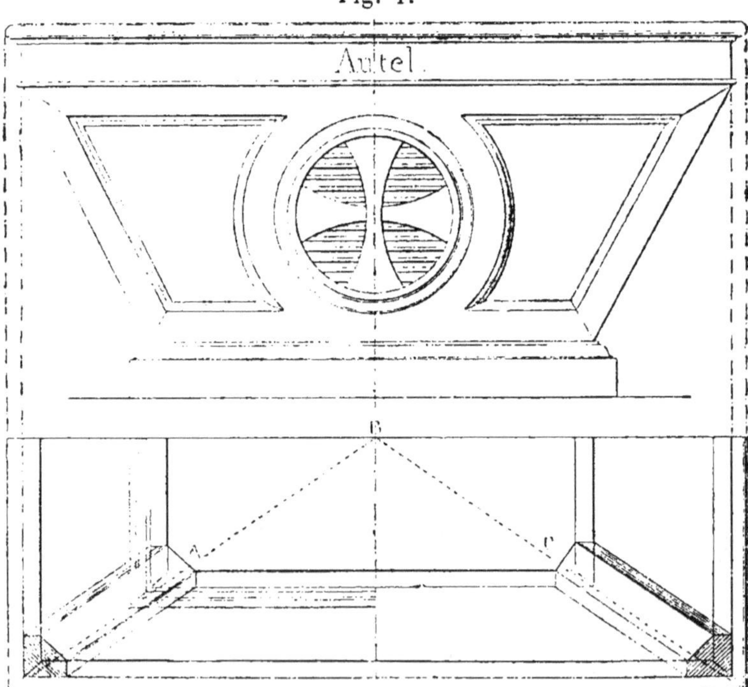

Fig. 3.

les biais et fausses coupes des cadres et des onglets.

La figure 2 représente aussi la coupe transversale et le côté de l'autel.

Les autels doivent toujours être élevés d'une marche au moins au-dessus du sol, il n'en vaut que mieux lorsqu'il peut y avoir trois marches ; dans ce dernier cas, la plus haute doit former un marchepied de 80 a 100 de largeur, et doit excéder la longueur de l'autel d'environ $0^m,17$ de chaque côté.

On fait porter le marchepied et les marches sur un bâtis de charpente disposé à recevoir le tout également.

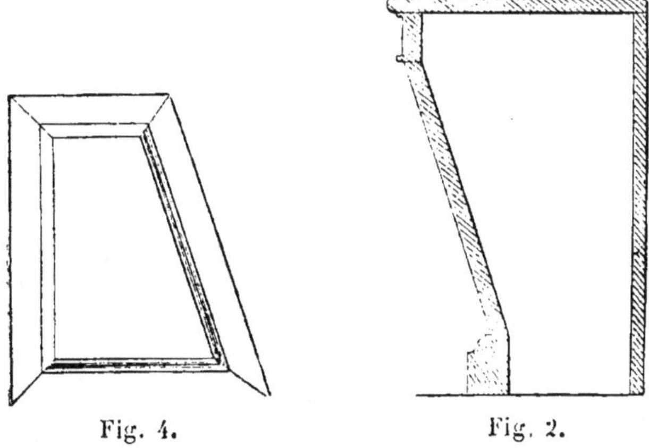

Fig. 1. Fig. 2.

Ce marchepied ainsi que les marches doit être d'assemblage autant que possible en forme de parquet, afin de leur donner plus de solidité et de propreté.

Lorsque le dessus d'un autel est en bois, il faut pratiquer dans le milieu de la longueur un espace carré renfoncé d'environ $0^m,27$ pour y placer une pierre qui a ordinairement $0^m,22$ de côté.

Confessionnal, plan, coupe et façade (rognée sur la droite). A est une tablette de pénitence, B est le siège du prêtre avec une petite tablette ou accoudoir qui se trouve également dans la partie absente.

Les confessionnaux sont composés de trois parties principales, savoir : une place pour le confesseur et deux autres places pour les pénitents qui doivent être plus bas que le confesseur.

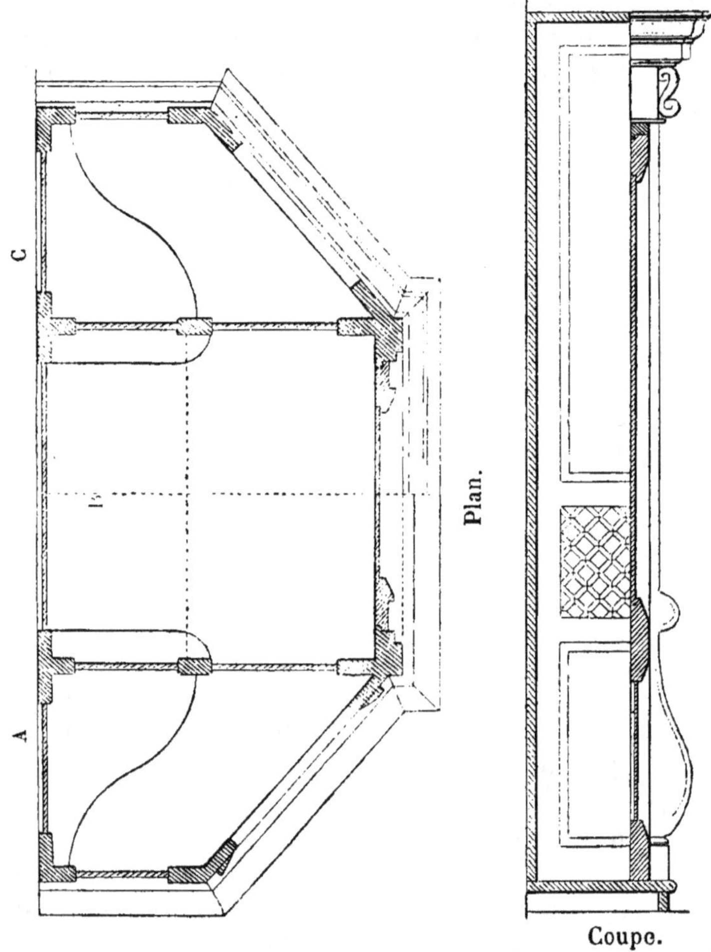

Plan.

Coupe.

Le siège du confesseur est ordinairement élevé de $0^m,40$; il doit avoir environ $0^m,50$ de large sur $0^m,80$ de long.

Les accoudoirs du confesseur sont élevés de $0^m,80$ au-dessus du premier marchepied, et ils ont $0^m,70$ de long à l'endroit des jalousies ; ces accoudoirs sont de niveau avec ceux des pénitents.

Les jalousies de 0m,30 d'ouverture sont remplies par un panneau percé à jour de trous carrés dont la diagonale est prise sur la perpendiculaire du panneau, et les divisions sont formées de manière qu'il reste la moitié d'un carré au pourtour du panneau, afin que les angles ne se coupent pas.

Les jalousies sont fermées de portes qui ouvrent en dedans du confessionnal, ces portes sont à coulisse, ou ferrées avec de petites fiches.

Cette figure représente la moitié d'un autre confessionnal, séparé en deux parties comme le précédent.

Dans cette figure, les deux côtés où se tiennent les pénitents sont découverts ; les principes d'exécution sont les mêmes que pour le confessionnal dont nous avons donné la figure page 109 ; A, est le siège du confesseur, B, est la place du pénitent.

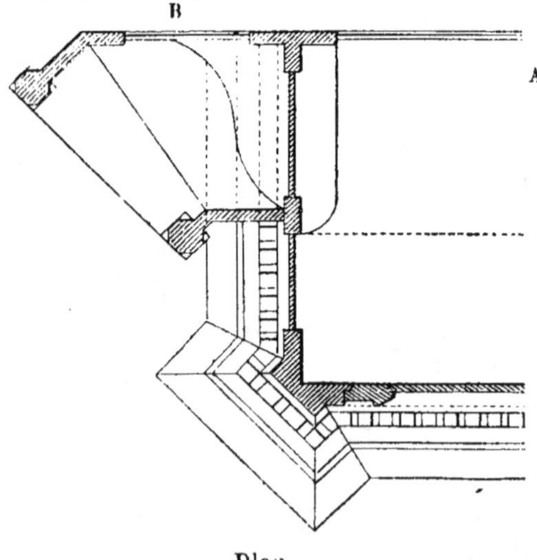

Plan.

Il est admis que la forme et les détails, sauf les dimensions adoptées, peuvent toujours être modifiés, ainsi que l'ornementation qui est une affaire de goût.

Coupe. Façade.

Manière de tracer une colonne torse, genre de colonne assez souvent employé dans les travaux d'église.

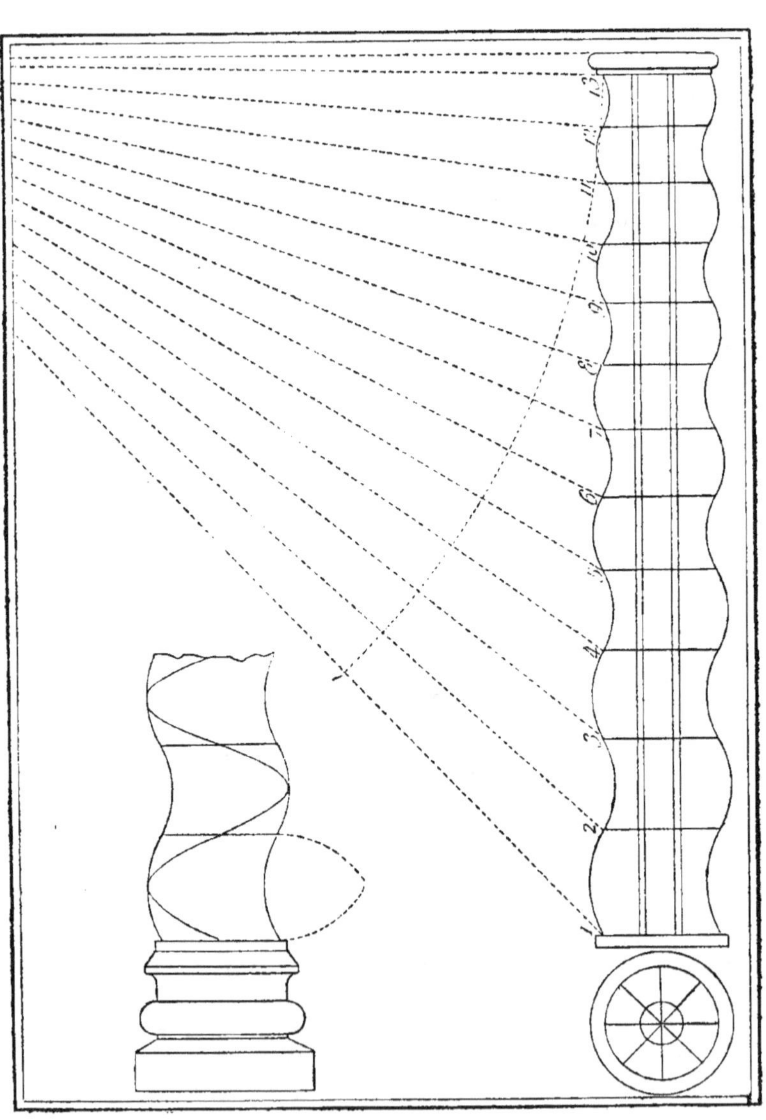

On voit par ce dessin qui est tronqué à sa base, que la longueur des lignes obliques doit être égale à la hauteur de la colonne, y compris la base et le chapiteau.

Le point extrême de la première ligne, en partant du haut, est le centre de l'arc décrit pour établir la division de la colonne.

De ce point, on trace des lignes, qui passant par les points de division viennent aboutir au fût de la colonne, qui a été tracée préalablement droite sans torsades. On retourne alors l'extrémité de ces lignes perpendiculairement à l'axe de la colonne.

On décrit alors, avec le compas, au-dessous de la base de cette colonne, un cercle dont le centre est son axe, puis en rapprochant ces pointes du compas, on décrit un autre cercle qui est éloigné du premier, de la profondeur qu'on veut donner aux parties rentrantes de l'hélice.

On trace un diamètre du cercle parallèlement à la base de la colonne, puis on divise le cercle en huit parties, et des points de la division des quatre parties du demi-cercle supérieur, vous élevez des perpendiculaires parallèles à l'axe de la colonne, ce qui vous donne cinq lignes. Prenez ensuite avec le compas l'écartement de la 13e à la 12e division sur le fût de la colonne et ainsi de suite pour obtenir les renflements, en prenant votre centre sur une des lignes à droite et à gauche alternativement, et sur la moitié de chaque intervalle des divisions, les saillies obtenues, reportez votre centre à égale distance et sur les mêmes horizontales, pour obtenir les creux des torsades.

Chaire à prêcher portative.

Elle n'est surmontée d'aucun dais ou abat-voix.

Ce genre de chaire à prêcher n'est en usage que dans quelques chapelles où on fait des instructions,

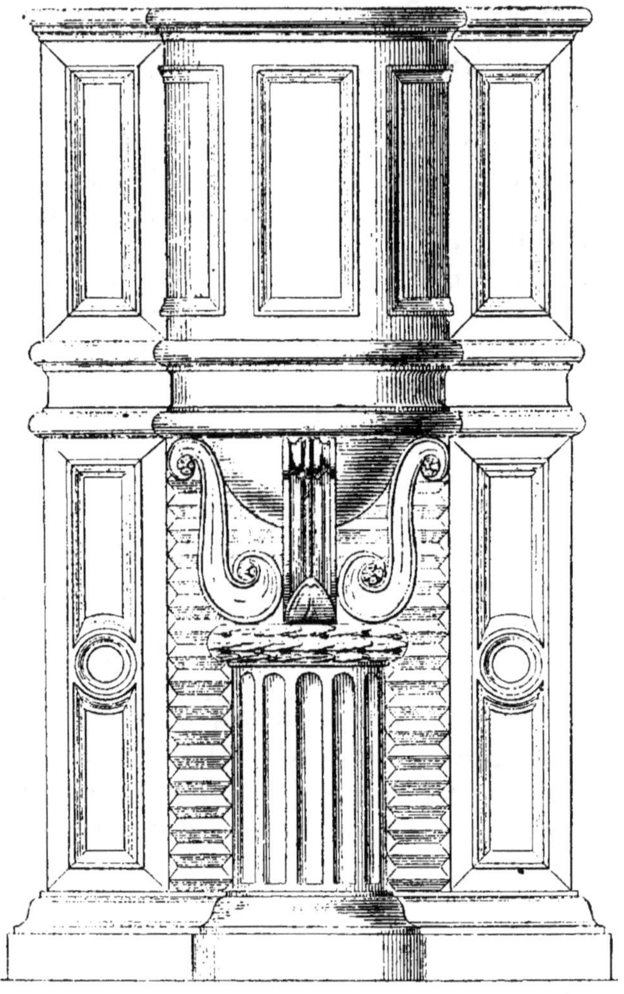

Façade.

car elle n'est susceptible d'être adoptée que pour un espace restreint ; elle n'a ni la hauteur ni la grandeur nécessaires à l'éloquence oratoire.

Quelques petites églises ont adopté ce genre de chaire, mais en général, on s'en sert peu.

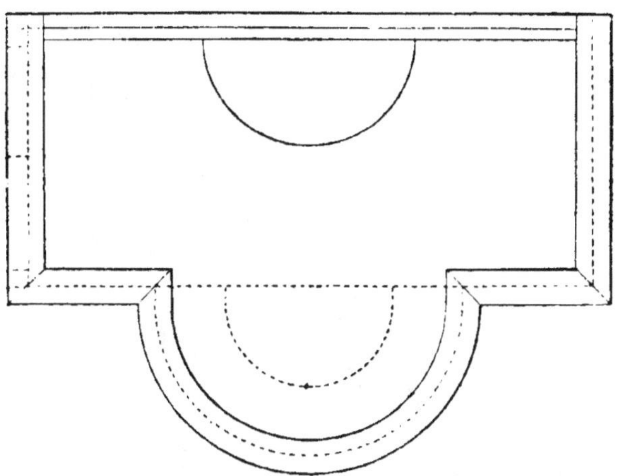

Plan de la chaire.

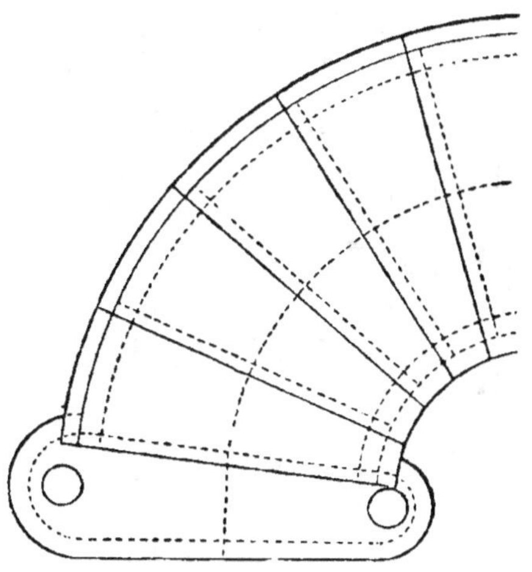

Emmarchement de l'escalier.

Ce n'est pas qu'elles ne puissent être assez ornées pour la satisfaction de l'œil, car on peut les exécuter, toutes proportions gardées, avec autant de style que les chaires à prêcher à demeure.

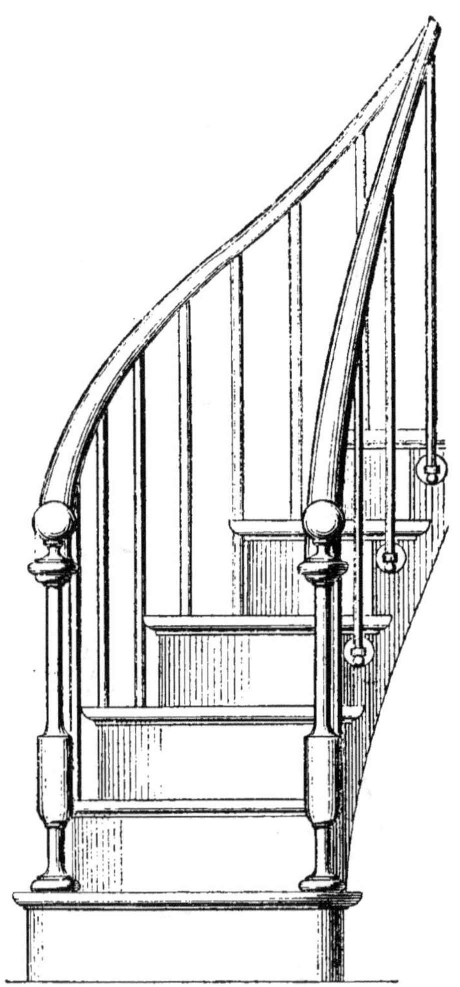

Escalier.

Chaire à prêcher à demeure.

La figure 1 est le dôme surmontant l'abat-voix ou dais; le détail de cette partie du travail est représenté en coupe; l'artiste peut en saisir les diverses parties et pratiquer les embrévements et coupes, suivant les règles de l'art. Cette partie pour la calotte est cintrée

Fig. 1.

en plan et en élévation jusqu'à l'architrave de la corniche.

La corniche est un plan carré, ainsi que le dossier dont une partie est figurée au-dessous du dôme et de sa corniche.

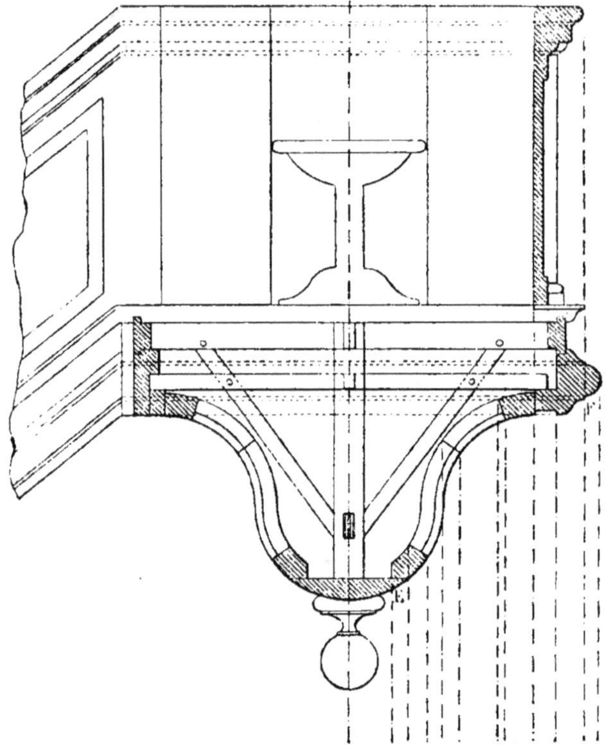

Fig. 2.

Le corps de la chaire ainsi que le cul-de-lampe qui est dessous sont aussi figurés en coupe, les détails de l'exécution sont aussi apparents, et faciles à saisir (fig. 2).

Figure 3. Abat-voix poligonal, de même plan que le corps de la chaire qu'il doit dépasser de 0,16 sur toutes les faces.

Il est placé au-dessous et en avant du dôme et se rattachant au dossier; les champs des bâtis de la calotte ne sont pas égaux, leur dimension s'obtient

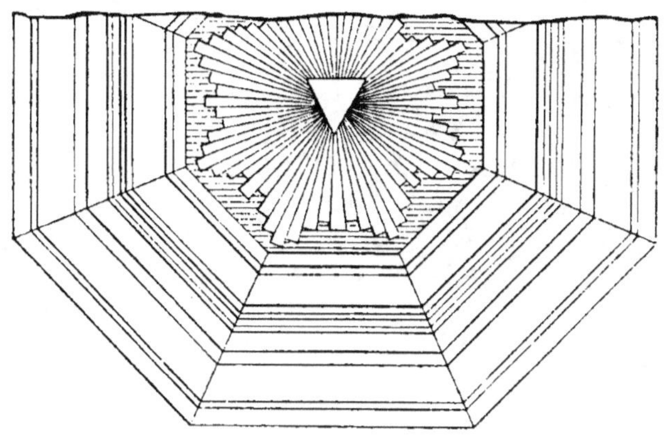

Fig. 3.

Fig. 4.

par une ligne tirée de leur profil au centre de l'octogone, ces courbes se débillardent d'après le calibre

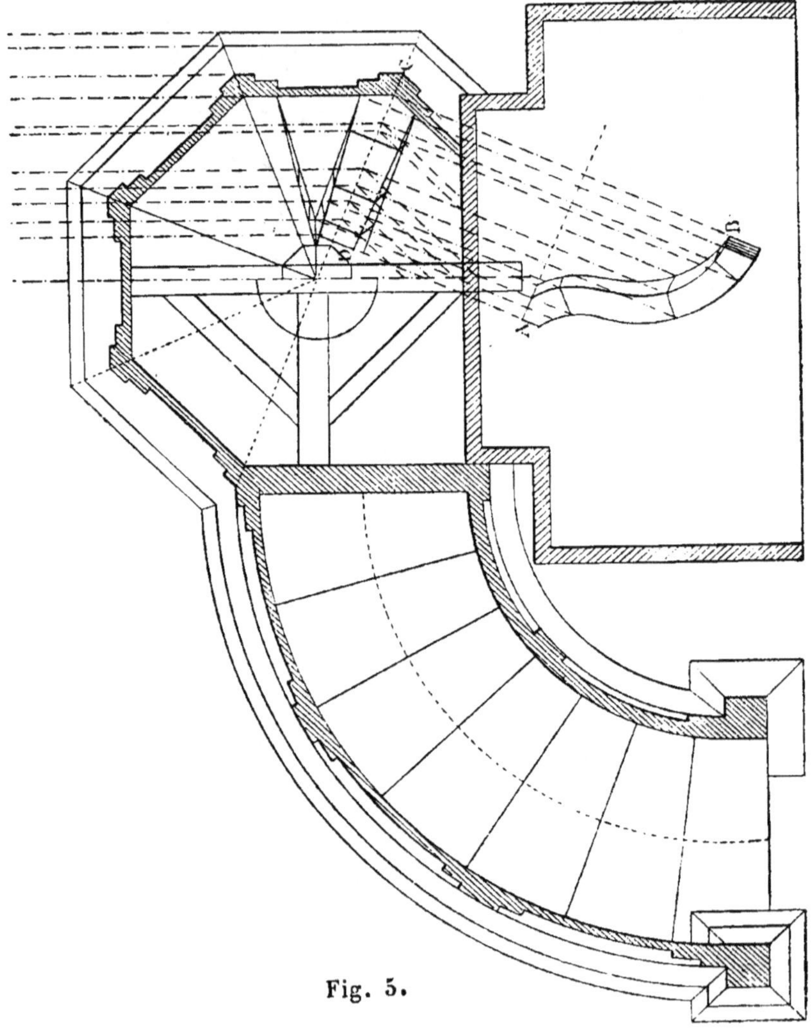

Fig. 5.

rallongé en D figure 5. Comme il est indiqué en menant des lignes de D C à E F, pour obtenir les courbes en arêtier du cul-de-lampe. (Rapprocher la fig. 2 de la fig. 5 pour faire concorder les lignes indiquées.)

La rampe, figure 4, est à caissons en lambris avec pilastre et l'escalier, figure 5, est en quart de cercle ; il se rattache par embrèvement au corps de la chaire en le joignant à l'angle gauche d'un des champs de ce corps.

En somme, et pour terminer les explications relatives à ces dessins de menuiserie d'église, nous ne saurions trop insister auprès des exécutants, pour qu'ils s'inspirent des travaux d'église anciens dont la plupart sont si magistralement exécutés, le profit qu'ils retireront de cet examen sera très avantageux pour leur instruction pratique et théorique.

La figure 5 dont nous avons déjà parlé plus haut, est le plan du corps de la chaire à prêcher et de son escalier, le débillardement des arêtiers du-cul-de-lampe y est représenté ; par malheur il a été nécessaire de scinder la démonstration en séparant les deux figures 4 et 5, dont les lignes se raccordent, mais il sera facile de prendre le calque de l'une d'elles et d'en faire le raccord avec l'autre.

En terminant cet ouvrage, nous désirons bien sincèrement que les personnes qui voudront appliquer les explications qu'il contient, y trouvent la possibilité de les mettre en pratique et qu'elles puissent en recueillir le fruit dans leurs essais d'abord, et dans l'exécution de leurs travaux ensuite.

CHAPITRE X

Géométrie élémentaire.

PRÉLIMINAIRE.

On appelle corps, tout ce qui occupe une place dans l'espace; une pierre, une barre de fer.

On appelle volume d'un corps, la partie limitée de l'espace occupé par ce corps.

La surface d'un corps est la limite de son volume, qu'elle sépare de l'espace extérieur.

L'intersection de deux surfaces ou la limite d'une surface, est une ligne.

L'intersection de deux lignes ou chaque extrémité d'une ligne, est un point.

Tout volume a trois dimensions : longueur, largeur, profondeur ou hauteur; une surface n'a que deux dimensions : largeur et longueur, elle n'a pas de profondeur.

Une ligne n'a qu'une dimension : la longueur.

Le point n'a aucune étendue.

La géométrie a pour objet de mesurer l'étendue des lignes, des surfaces et des volumes, et d'en étudier les propriétés, indépendamment des corps auxquels ils appartiennent.

On donne le nom de figure aux lignes, aux surfaces, aux volumes ainsi considérés.

La ligne droite est le plus court chemin d'un point à un autre; on admet comme évident qu'entre deux points donnés on ne peut mener qu'une seule ligne droite.

Une ligne brisée ou polygonale, est une ligne composée de lignes droites.

Une ligne qui n'est ni droite, ni composée nulle part de lignes droites, est une ligne courbe.

On appelle plan ou surface plane, une surface sur laquelle une ligne droite peut s'appliquer entièrement dans tous les sens.

Toute surface qui n'est ni plane ni composée de surfaces planes est une surface courbe.

Signes abréviatifs et termes généraux.

On fait usage en géométrie des mêmes signes abréviatifs qu'en arithmétique et en algèbre.

Ainsi A et B étant des grandeurs géométriques ou des nombres :

$A + B$ signifie A plus B ; $A - B$, signifie A moins B ; $A \times B$ signifie A multiplié par B ; A B a la même signification ; de même $A : B$ ou $\frac{A}{B}$ signifient également A divisé par B ; $A = B$, A égale B ; $A > B$, A plus grand que B ; $A < B$, A plus petit que B.

Un axiôme en une vérité évidente par elle-même.

Un théorème est une vérité qui a besoin d'une démonstration.

Un corollaire est la conséquence d'une ou de plusieurs propositions déjà établies.

Un problème est une question qu'il s'agit de résoudre en s'appuyant sur les propositions précédentes.

On donne le nom commun de propositions, aux théorèmes, aux corollaires et aux problèmes.

Géométrie plane.

DES ANGLES.

On appelle angle la figure que forment deux droites A B, B C, qui partent du même point B dans des directions différentes.

Les côtés d'un angle sont les droites B A, B C, qui le forment ; le point B où ces signes se rencontrent est le sommet de l'angle (fig. 1).

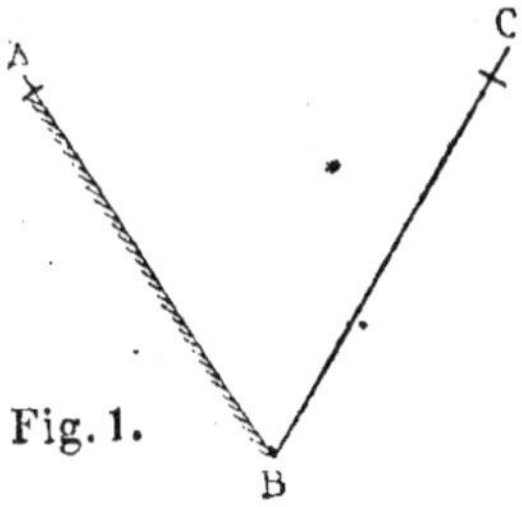

Fig. 1.

Quand une droite D E rencontre une autre A C de manière à former deux angles adjacents égaux A D E, E D C, la ligne E D est dite perpendiculaire à A C et les angles A D E, E D C, sont appelés angles droits (fig. 2 .

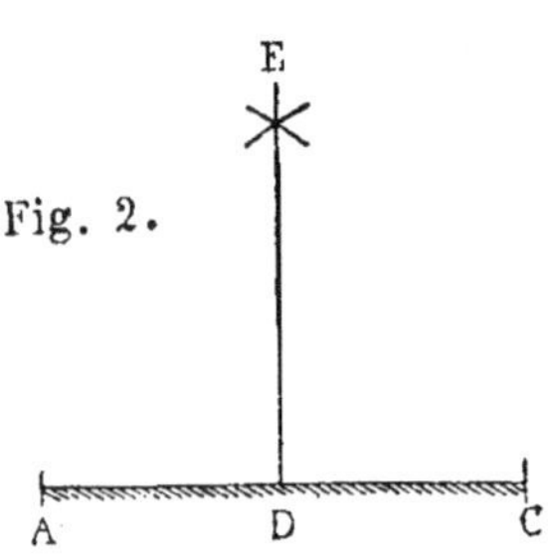

Fig. 2.

Une droite D B qui fait avec une autre ligne A B deux angles adjacents inégaux B D C, B D A, est oblique à A C (fig. 3).

On voit aisément sur la figure que l'un des angles C D B est aigu tandis que A D B est obtus.

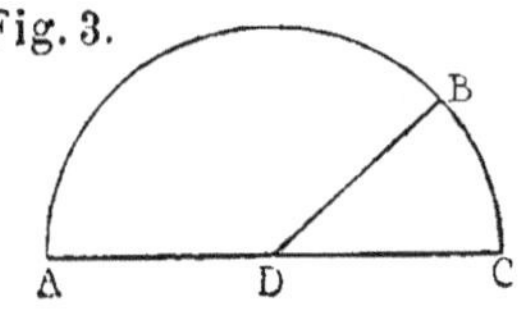

Fig. 3.

DES POLYGONES ET DES TRIANGLES.

Un polygone est une figure plane terminée de toutes parts par des lignes droites.

Un polygone a autant d'angles que de côtés.

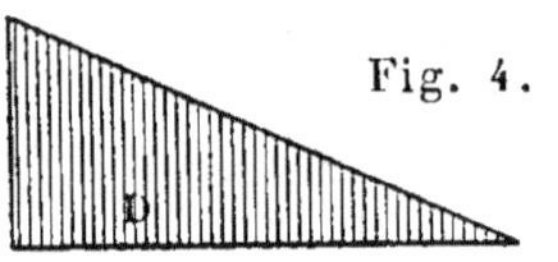

Fig. 4.

Les triangles sont des polygones.

Dans tout triangle, un côté quelconque est plus petit que la somme des deux autres et plus grand que leur différence.

On nomme triangle rectangle celui qui a un angle droit; le côté opposé à l'angle droit dans un triangle rectangle s'appelle hypoténuse (fig. 4).

On nomme triangle équilatéral (fig. A), celui qui a les trois côtés égaux; triangle isocèle celui dont deux

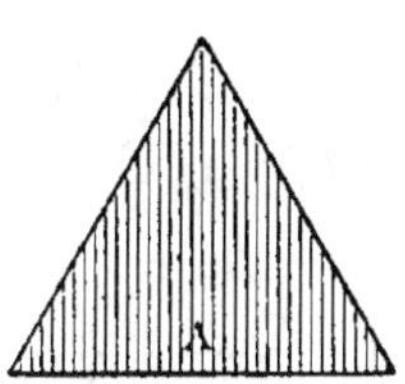

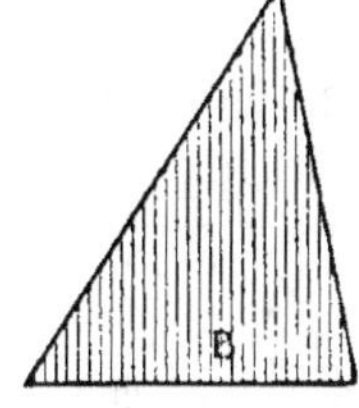

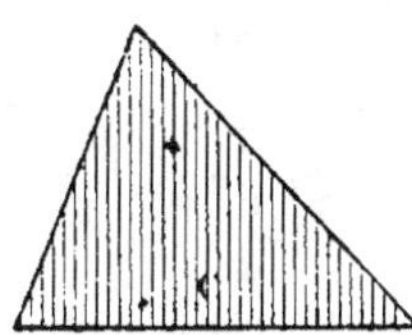

côtés seulement sont égaux (fig. B), et triangle scalène celui qui a ses trois côtés inégaux (fig. C).

Deux triangles sont égaux, quand ils ont un angle compris entre deux côtés égaux chacun à chacun.

Deux triangles sont égaux, quand ils ont un côté égal adjacent à des angles égaux, chacun à chacun.

Dans un triangle isocèle, on donne le nom de base au côté qui n'est pas égal à l'un des deux autres, et le nom de sommet du triangle au sommet de l'angle opposé à la base.

THÉORIE DES PARALLÈLES.

On nomme parallèles des droites qui, situées dans un même plan, ne peuvent pas se rencontrer à quelque distance qu'on les prolonge, la figure 4 représente des parallèles droites et des parallèles courbes.

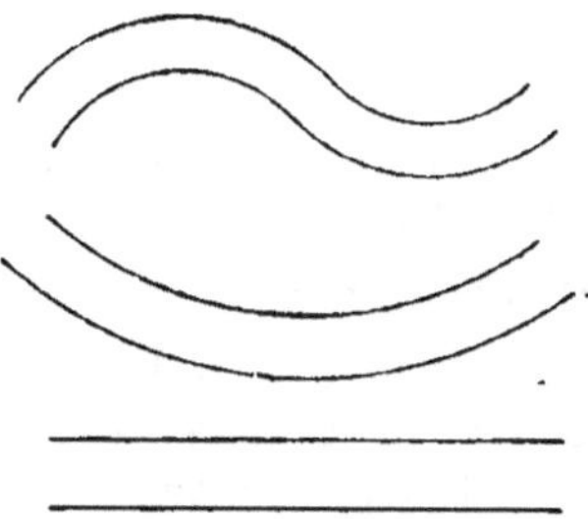

Fig. 4.

PARALLÉLOGRAMMES.

Le carré a les quatre côtés et les quatre angles égaux (fig. A).

Le parallélogramme, carré long, ou rectangle, (fig. B) a les quatre angles égaux et les quatre côtés égaux et parallèles, deux par deux.

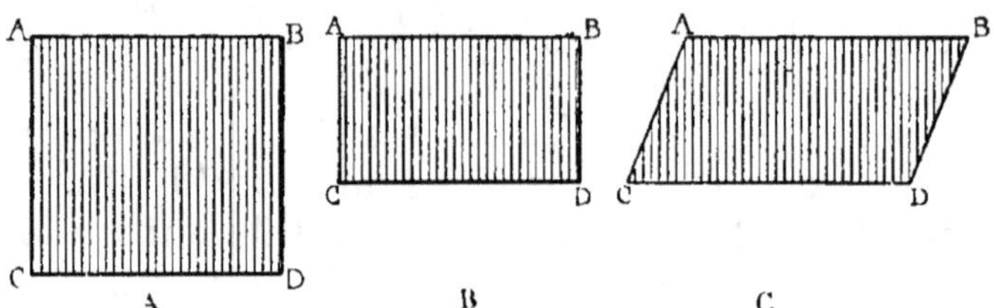

A B C

Le parallélogramme ou rhombe (fig. C) a les quatre côtés parallèles, deux à deux, et lorsque les quatre côtés sont égaux, la figure C devient un losange.

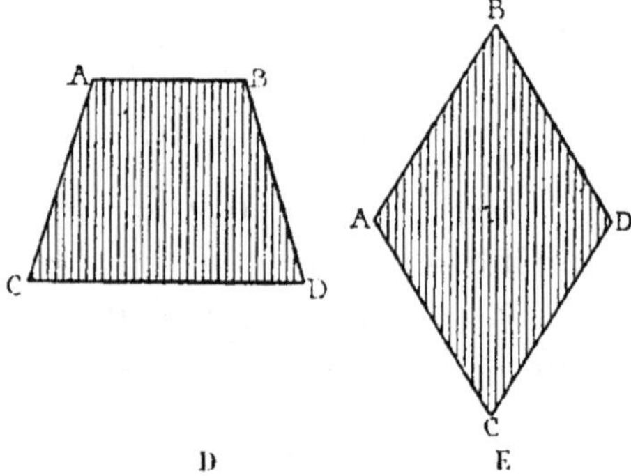

D E

Le quadrilatère devient un trapèze (fig. D) lorsqu'il a deux côtés A C et B D parallèles, les deux autres côtés A B et C D ayant une direction quelconque.

Parmi les autres figures rectilignes, celles qui ont les angles et les côtés égaux sont dites régulières ; celles qui n'ont ni les côtés ni les angles égaux, sont nommés généralement polygones.

DES POLYGONES RÉGULIERS.

La figure qui a cinq angles et cinq côtés égaux, s'appelle pentagone.

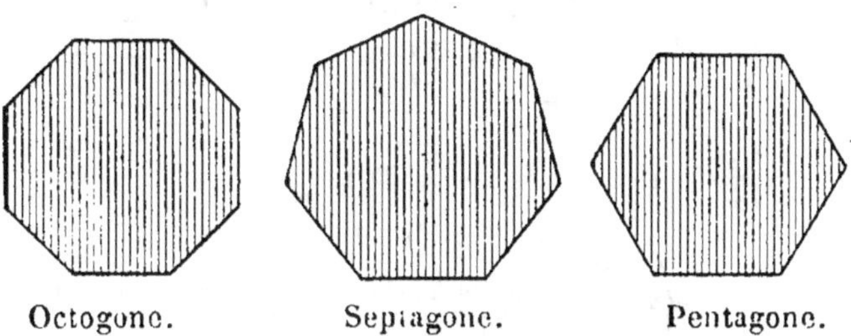

Octogone. Septagone. Pentagone.

Celle qui a six angles et six côtés égaux, est un hexagone.

Celle qui a sept angles et sept côtés égaux est un heptagone, et ainsi de suite pour l'octogone, l'ennéagone, le décagone, l'endécagone et le dodécagone.

DU CERCLE ET DES FIGURES DÉRIVANT DU CERCLE.

Le cercle est une figure comprise dans une ligne appelée circonférence.

La circonférence est une ligne dont tous les points sont également distants d'un point intérieur nommé centre.

Toutes les lignes droites menées de ce point à la circonférence sont égales entre elles et se nomment rayons.

Dans la figure ci-contre, le centre est D, les signes A D ou B D, sont les rayons ou demi-diamètres, et les lignes A B ou C F, sont des diamètres.

Toute portion de la circonférence du cercle se nomme arc.

Un secteur de cercle est une figure comprise dans une partie de circonférence, et entre deux rayons D C et D B.

Un segment de cercle est une figure comprise dans une partie de circonférence, et une corde comme CB.

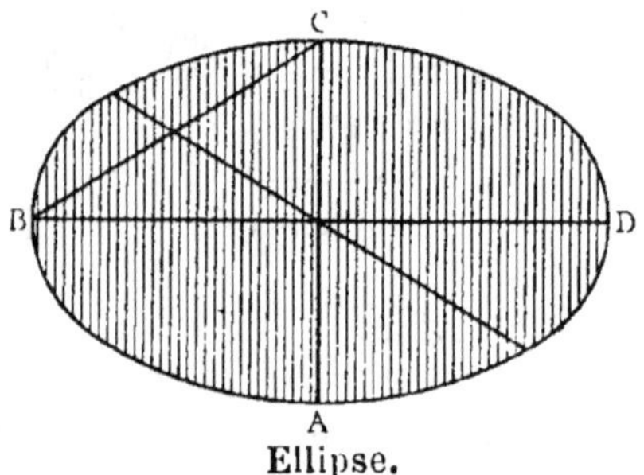

Ellipse.

L'ellipse est une figure oblongue comprise dans une seule ligne courbe.

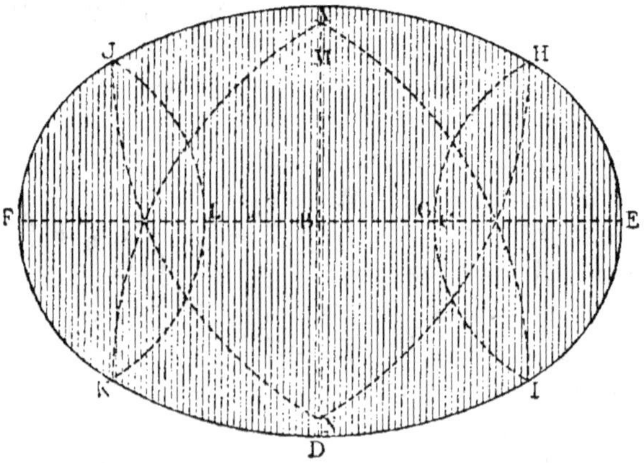

Le centre est le point du milieu B.

L'ellipse a ses parties analogues à celles du cercle comme secteur et segment.

Parmi les autres courbes usitées, il y a encore les anses de panier.

OPÉRATIONS GRAPHIQUES.

Les notions préliminaires étant exposées, nous allons indiquer les moyens pratiques de tracer les différentes figures, dont nous avons donné l'explication plus haut.

1° élever une perpendiculaire sur une droite :

Donnez à un compas une ouverture plus grande que la moitié de cette ligne, posez une des pointes à l'une des extrémités de cette ligne et de ce centre décrivez un cercle; répétez la même opération à l'autre extrémité sans changer l'ouverture du compas.

Les deux cercles que vous venez de tracer se couperont en deux points, l'un au-dessus et l'autre au-dessous de la ligne, ces deux intersections étant jointes par une autre ligne nous donneront la perpendiculaire cherchée.

Une autre manière de procéder consiste à prendre deux points à égale distance de celui où l'on veut abaisser la perpendiculaire ; alors en traçant deux arcs de chacun de ces points au-dessus de la droite horizontale, on aura deux intersections des arcs tracés qui donneront comme dans l'opération précédente la direction de la perpendiculaire.

La figure du cercle page 127 montre cette opération, qui est très importante et très facile à exécuter.

Si on voulait faire passer une ligne perpendiculaire à l'extrémité d'une autre ligne, il faudrait prolonger cette ligne du côté qu'on veut opérer, et procéder comme il est dit plus haut.

2° Diviser une ligne en deux parties égales :

Il faut, à l'aide du premier procédé que nous venons d'indiquer, abaisser une perpendiculaire qui coupe cette ligne par le milieu.

3° Tracer une ligne parallèle à une autre ligne :

Lorsqu'il ne s'agit que de parallèles comme pour un tenon ou une mortaise, le trusquin, même à une seule pointe, suffit ; mais lorsqu'il s'agit d'opérer sur une largeur plus grande, on trace deux perpendiculaires sur deux points quelconques de la ligne dont on veut établir la parallèle, et sur chacune de ces perpendiculaires, on porte la largeur d'écartement voulu ; on conçoit que la ligne joignant ces deux points sera exactement la parallèle de la première ligne.

4° Trouver le centre d'un cercle :

Cette opération se présente fréquemment ; il s'agit de faire avec une ouverture de compas trois points partant d'un des endroits de la circonférence, dont on cherche le centre, on joint alors le premier au second et le second au troisième, ce qui donnera deux lignes formant un angle entre elles.

Alors faites passer une perpendiculaire sur l'une des lignes, et au milieu de sa longueur, faites-en de même sur l'autre ligne, de manière que ces perpendiculaires se croisent ; leur intersection sera le centre du cercle.

5° Faire passer une circonférence par trois points qui ne soient pas en ligne droite :

Il est souvent nécessaire de pratiquer cette opération, surtout pour éviter le trop de déchet, quand on veut tirer un cercle d'un morceau de bois de forme irrégulière ; il est alors indispensable de savoir où placer le centre du cercle ; à cet effet il faut procéder de la même façon que pour l'opération précédente, en élevant une perpendiculaire sur chacune des deux lignes, comme il est dit plus haut.

6° Diviser un arc de cercle en plusieurs parties égales :

Il faut commencer par diviser l'arc en deux parties

qu'on subdivise en deux autres, et ainsi de suite ; pour cela, on agira comme si cet arc était une ligne à couper en deux par une perpendiculaire, et l'on procédera comme s'il s'agissait de perpendiculaires à élever sur une droite.

7° Trouver le centre d'un triangle, ou faire passer un cercle par le sommet de chacun de ses angles :

C'est la même opération que celle du n° 5, sauf que les trois points sont pris au sommet des trois angles au lieu d'être pris sur une circonférence.

8° Trouver le centre d'un polygone régulier :

C'est l'opération qui consiste à faire passer une circonférence de cercle sur chaque sommet des angles de ce polygone ; il s'agit en conséquence de choisir trois angles voisins comme pour les trois points du problème n° 5.

9° Construire un triangle égal à un autre triangle :

Tracez une ligne de même longueur que la base ou ligne inférieure du triangle ; de l'extrémité droite de cette ligne prise pour centre, tracez avec le compas dont l'ouverture doit être égale au côté droit du triangle à imiter, un arc de cercle au-dessus de la ligne ; de l'extrémité gauche de la même ligne, tracez avec une ouverture de compas égale au côté gauche du triangle, un autre arc de cercle qui croise le premier ; tirez ensuite deux lignes qui, du point d'intersection des deux arcs, aboutissent à chaque extrémité de la ligne qui représente la base, et ces trois lignes décrivent un second triangle exactement semblable au premier.

10° Construire un parallélogramme rectangle égal à un autre parallélogramme :

Tirez une ligne égale à la base du parallélogramme ; élevez à chaque bout une perpendiculaire égale aux côtés du modèle, et réunissez-les par une ligne tirée sur leur extrémité supérieure.

11° Trouver la mesure de la circonférence d'un cercle dont le diamètre est connu, ou celle du diamètre d'un cercle dont la circonférence est connue :

La circonférence du cercle étant à son diamètre :: 22 : 7 environ, mais plus exactement 3,1415 à 1 ; il y a même quatorze décimales pour amener le chiffre juste ou le plus approximatif possible.

Ainsi pour trouver la mesure d'une circonférence dont le diamètre est connu, il faut multiplier ce diamètre par 3,14, et faire la division du diamètre par 3,14 pour trouver le diamètre, la circonférence étant connue.

12° Décrire un arc de cercle à l'extrémité d'une droite, de manière qu'il ne paraisse ni coude ni jarrêt :

Élevez une perpendiculaire à l'extrémité de la ligne, posez une pointe du compas sur cette extrémité, l'autre pointe sur un point quelconque de la perpendiculaire, et décrivez un arc de cercle en prenant ce dernier point pour centre.

13° Par l'extrémité d'un arc du cercle, mener une droite qui continue l'arc sans faire coude ni jarret :

Cherchez le centre de l'arc de cercle (Problème n° 4), conduisez un rayon ou ligne en allant de l'extrémité de l'arc au centre, élevez une perpendiculaire sur l'extrémité du rayon qui touche l'arc, cette ligne sera la continuation de l'arc de cercle.

14° Décrire un arc A, qui suit le prolongement d'un autre avec B, quoique le rayon du premier soit différent de celui du second :

Tirez de l'extrémité de l'arc B, que vous voulez prolonger, une ligne qui aille à son centre, prolongez s'il est nécessaire au delà du centre, alors posant une pointe du compas sur cette ligne, et l'autre à l'extrémité de l'arc B, décrivez le cercle A, en prenant pour centre, le point où le compas touche la ligne qui passe par le centre B ; Si le rayon de l'un des arcs était beaucoup plus grand que le rayon de l'autre, et quoique les deux arcs se joignissent bien, la différence de courbure produirait une disposition choquante.

15° Décrire un arc de cercle dont la courbure soit opposée à celle d'un autre arc de cercle, et paraisse en être le prolongement :

Ce problème, comme on voit, se réduit à tracer géométriquement une figure régulière qui ait quelque ressemblance avec une grande S.

Supposant que l'arc supérieur qui nous est connu, ait la concavité tournée à droite, ce sera donc aussi à droite que se trouvera son centre ; menons de ce centre à l'extrémité inférieure de la courbe, une ligne que nous prolongerons à gauche d'une longueur égale au rayon, que nous voulons prendre pour faire le second arc de cercle, celui dont la concavité doit être tournée à gauche, donnons au compas une ouverture égale à celle que doit avoir le rayon de ce second arc, et plaçant une des pointes du compas sur la ligne tracée, et l'autre pointe sur l'extrémité du premier arc, nous obtiendrons la courbe cherchée en faisant tourner cette seconde pointe autour de la première.

16° Arrondir régulièrement la pointe d'un angle ; soit B A C, l'angle que l'on veut arrondir. Supposant que le point où l'on veut faire commencer l'arrondissement soit celui qui est marqué D, on marque sur l'autre côté de l'angle, E, un point aussi éloigné du sommet A que le point D, ou même DF, perpendiculaires sur A C, et FE, perpendiculaires sur AB ; puis du point F, où ces perpendiculaires se coupent et avec un rayon égal à FD, on décrit l'arc de cercle ED qui arrondit l'angle.

17° Tracer une spirale autour d'un point donné pour centre :

On peut tracer la volute par des demi ou quart de circonférence;

Pour la tracer, par des demi-circonférences, on tire une ligne quelconque en établissant le centre A duquel on décrit la demi-circonférence du noyau, puis on prend alternativement pour centre le point B et le point A, pour décrire les demi-circonférences à droite et à gauche de la ligne tracée.

Comme pour faire avec précision les opérations que nous venons de décrire, il faut prendre quelque soin, la paresse ou l'ignorance des ouvriers les porte quelquefois à préférer une courbe dite anse de panier. Nous ne nous y arrêterons pas.

18° Manière de tracer un arc rampant :

Les extrémités d'un cintre ne partent pas toujours de la même hauteur, et la ligne qui va de l'une à l'autre est souvent inclinée à l'horizontale, c'est ce qui arrive aux arcades qui doivent soutenir des rampes. La courbe suivant laquelle on est obligé de tracer l'arcade, prend le nom d'arc rampant; ce tracé s'exécute en partageant la distance entre les deux perpendiculaires, et en traçant un arc dont le centre sera porté aux deux tiers d'une des deux moitiés, sur la ligne formant angle droit avec la perpendiculaire médiane. Cette horizontale devra se trouver à égale distance des deux lignes. Le second arc trouvera son centre sur la ligne de base, et à un sixième de la perpendiculaire opposée.

19° Manière de mesurer les surfaces :

Mesurer un rectangle, c'est multiplier sa longueur par sa largeur.

Mesurer un triangle rectangle, c'est multiplier la longueur de la base par la moitié de son petit côté.

Mesurer un triangle équilatéral isocèle, c'est multiplier la base par la moitié de la hauteur.

Mesurer un triangle scalène, c'est en élevant une perpendiculaire sur le grand côté, faire la somme des deux triangles décrits en agissant comme pour deux isocèles.

Mesurer un trapèze, c'est prendre la hauteur que l'on multiplie par la moitié de la somme produite par les deux lignes inférieure et supérieure.

Pour mesurer l'aire d'un cercle il faut d'abord trouver le chiffre de la circonférence, et le multiplier par la moitié du rayon.

Pour mesurer les surfaces irrégulières il faut autant que possible les réduire en triangles rectangles dont les produits sont additionnés ensuite.

La figure ci-dessous représente un rapporteur. C'est un instrument en cuivre ou en corne qui sert à rapporter les angles; on sait que la circonférence est

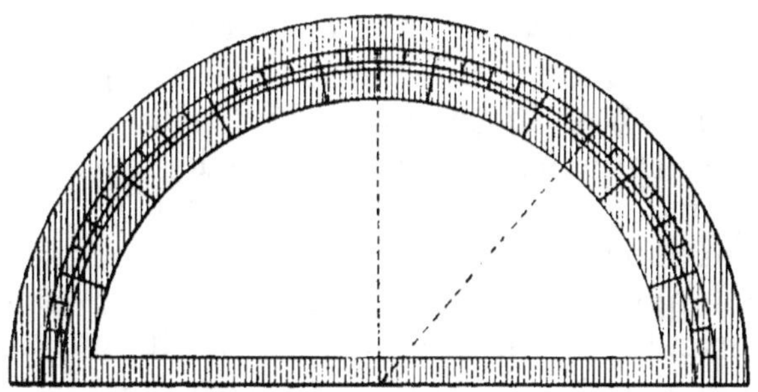

de 360°, donc la demi-circonférence est de 180°, le quart 90° et l'onglet 45°. On se sert de cet instrument pour éviter une division au compas, en plaçant la ligne de foi sur une perpendiculaire et prenant l'angle voulu avec le compas.

L'échelle indique le moyen de reporter les dimensions dans une proportion quelconque, on la construit dans le rapport voulu.

Échelles.

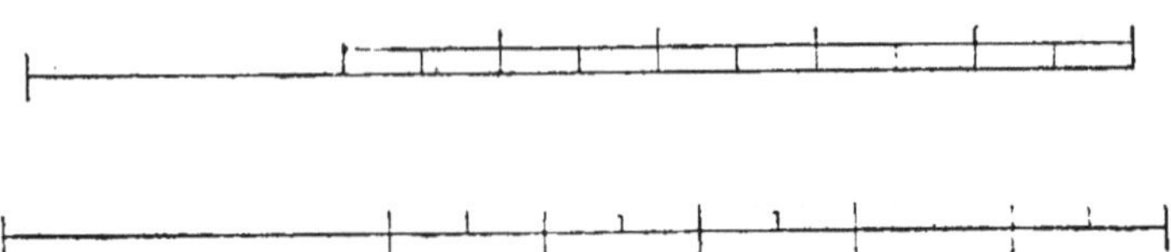

Les opérations ci-dessus décrites sont de la plus grande nécessité pour le tracé des plans et des pièces relevées sur ces mêmes plans. C'est ce qui constitue les premières opérations du trait à l'usage du menuisier.

Il est cependant une autre partie des opérations graphiques beaucoup plus difficile à exécuter, c'est l'article des projections.

On entend par projections d'un point sur une ligne ou sur un plan, le pied de la perpendiculaire abaissée de ce point sur cette ligne ou sur ce plan.

La projection d'une droite sur un plan, est une autre droite de longueur et de direction différentes, que déterminent les projections de ses deux extrémités ou de deux de ses points pris où l'on voudra sur sa longueur.

La longueur de toute droite dans l'espace est le plus grand côté d'un triangle rectangle, dont les deux côtés de l'angle droit sont, l'un, la projection horizontale de la droite, l'autre, la différence de niveau des deux bouts ou de sa projection verticale.

Lorsqu'on projette une ligne, ou un cercle, ou une courbe quelconque sur un plan qui lui est parallèle, cette figure s'y transporte avec la même forme et la même grandeur.

Voilà les principes. Quant à l'application, nous l'avons vue au chapitre des escaliers et des lanternes.

DES PLANS

Lorsqu'on a un travail à exécuter et que son exécution est assez compliquée, il faut en dresser le plan, sur les dimensions données; cette opération n'a rien de difficile lorsqu'on en a l'habitude, cependant quand on n'est pas familiarisé avec ce genre de travail, il est bon de dessiner la pièce à exécuter sur une échelle quelconque, ou même de grandeur d'exécution.

A cet effet, lorsqu'on aura fait un dessin à une échelle voulue, il faudra coter bien soigneusement les diverses parties du travail, afin de les porter exactement sur le plan de grandeur d'exécution; car c'est sur lui qu'on trace les assemblages en présentant les pièces corroyées.

Le plan représente une coupe, c'est-à-dire une section longitudinale ou transversale de la pièce à exécuter; si on a préalablement pris un panneau assez grand pour y figurer le travail proposé, de grandeur d'exécution, ou même sur une échelle quelconque, il n'y a qu'à projeter les lignes verticales, qui donneront les largeurs de battants, celle des panneaux, des moulures, feuillures et embrèvements, ainsi que les arasements; il n'y aura plus qu'à marquer les épaisseurs des bois, dessiner les moulures et assemblages; ce sera la coupe transversale.

La coupe verticale ou longitudinale sera faite sur les lignes horizontales projetées.

On se sert pour les plans, de la règle et de l'équerre de menuisier.

Les plans de menuiserie s'exécutent ordinairement sur une planche bien unie et bien dressée, et lorsqu'on a l'habitude de les tracer, il n'est pas nécessaire de faire le dessin du travail, les dimensions données suffisent à tracer les plans nécessaires.

Il est compréhensible que le plan d'un travail quelconque ainsi tracé, donne la possibilité de relever sur lui-même les longueurs, largeurs et épaisseurs des différentes pièces composant le travail dont il s'agit, et même la place des arasements et assemblages avec les coupes droites ou obliques.

Quelques travaux tout en donnant la courbe des pièces, par le plan qui en est tracé, nécessitent cependant la taille de calibres qui se relèvent sur le plan et se découpent dans une planche mince afin de leur donner une flexibilité d'épaisseur qui est quelquefois nécessaire pour leur application sur une surface ou un champ cintré.

Cette partie du travail désignée sous le nom de plan, est d'autant plus nécessaire à connaître, qu'en exerçant à tracer les différentes pièces qui forment l'ensemble, elle donne à l'exécutant une perception plus complète du travail, en lui rendant l'exécution plus facile; et en effet on remarque beaucoup moins d'habileté et de sûreté de main chez l'ouvrier incapable de dresser un plan et d'en relever les pièces.

Les planches décrivant les diverses espèces de travaux de menuiserie ordinaire ou courante, et celles d'un travail soigné, sont accompagnées de tracés de plans qui feront comprendre plus complètement les instructions qui précèdent.

CHAPITRE XI

Vocabulaire des principaux termes de la menuiserie.

A

Abattre. Se dit d'un tenon qu'on abat avec deux traits de scie.

About. L'extrémité d'un montant d'une traverse.

Acrotère. Champ uni que l'on place au-dessus d'un meuble quelconque ; c'est aussi le corps d'une façade au-dessus d'un entablement, excepté, lorsque cette partie est ajourée par deux croisées ou des lucarnes.

Affiler. Donner le fil au tranchant d'un outil, ou le passer sur la pierre à l'huile pour en faire partir le morfil.

Affûter. Aiguiser le tranchant d'un outil sur une meule ou sur un grès à plat.

Ais. Planche étroite à l'usage des relieurs.

Alaise. Planche destinée à augmenter la largeur d'une autre planche. Une alaise pour être comptée comme telle doit être rainée et collée.

Alettes. Nom donné aux pieds droits d'une niche carrée, ou d'une alcôve.

Ane. Sorte d'étau à branches élastiques fixé à un banc, et dont les mâchoires se ferment à l'aide d'une pédale : cet outil est très commode pour maintenir des pièces minces qu'on veut chantourner, ou découper des placages pour la marqueterie.

Angle. Voyez la géométrie, page 124.

Aplomb. C'est la ligne verticale ; on met une pièce

d'aplomb au moyen d'un fil auquel est suspendu une masse d'un métal et d'un volume quelconque.

Appui. D'une partie basse de croisée, de porte vitrée et de lambris.

Appui (Pièce d'). Traverse du bas d'un dormant de croisée, sous un jet d'eau.

Arasement. Coupe droite ou oblique qui établit le point de jonction d'une pièce avec une autre pièce.

Araser. Faire un arasement soit à la scie soit autrement.

Architrave. Partie inférieure d'un entablement, elle se compose de plusieurs faces séparées par des moulures peu saillantes. En menuiserie, c'est une moulure rapportée placée au contrebas d'une frise ou d'un tableau.

Archivolte. On nomme ainsi un bandeau orné de moulure entourant une arcade plein cintre et qui repose sur un imposte en menuiserie ; c'est à la fois le revêtissement de cette arcade et son plafond.

Arête. Angle formé par deux faces d'une pièce de bois.

Arêtiers. Pièce de bois formant les arêtes saillantes d'un comble en menuiserie ou d'une lanterne.

Arrière-corps. Champ lisse ou d'assemblage posé en retraite d'une partie quelconque.

Assemblages. Union de plusieurs parties ; il y en a de plusieurs sortes.

Astragale. Moulure composée d'un demi-rond ou boudin avec un filet au-dessous et qui se place à une certaine distance au-dessous d'un chapiteau.

Attique. C'est le nom qu'on donne à un revêtissement en boiserie et qu'on place quelquefois au-dessus des portes d'appartement.

Aubier. Portion du bois encore imparfait qui dans le chêne se trouve entre l'écorce et le bon bois.

Cette partie du chêne fait un mauvais travail et doit être retranchée.

Aviver. Enlever les traces du sciage et autres défauts du bois par le moyen du corroyage.

B

Baguette. Moulure ronde qui s'applique sur les parties pleines qu'on veut encadrer ; on nomme ainsi une moulure qui fait suite à une autre comme un boudin, un talon, une doucine, on peut l'orner de sculpture lorsqu'elle est d'un diamètre assez fort. On fait aussi des baguettes et demi-baguettes pour garantir les encoignures, dans les appartements et encadrer les croisées et quelques portes qui n'ont pas de chambranles.

Baie. Ouverture d'une porte ou d'une croisée dans un mur ou une cloison.

Bain-marie. Vase clos rempli d'eau dans lequel on plonge un pot à colle afin d'empêcher la colle de brûler en la mettant en contact avec le feu.

Balustrade. Sorte de barrière ordinairement à hauteur d'appui, et formée par une suite de balustres, petites colonnes ou montants réunis et assemblés dans une traverse formant appui.

Bandeau. Plate bande en bois ornée ou non de moulures peu saillantes, qui termine le haut d'un lambris d'une face d'armoire, ou qui forme dessus de porte ou de croisée.

Barbe. Excédant de longueur d'une traverse assemblée dans des battants à petit cadre, et assemblée d'onglet pour se raccorder avec la moulure.

Barre à queue. Pièce de bois formant queue sur son épaisseur et traversant une partie pleine dans laquelle elle est entaillée ; cette barre est quelquefois plus large d'un bout que de l'autre.

Barre d'appui. Barre faite d'un bois quelconque, chêne, noyer ou acajou, profilée en olive ou en gorge, et encastrée sur le fer d'un balcon ou d'une barre d'appui en fer; elle est scellée de chaque bout dans les tableaux d'une croisée.

Base. Partie inférieure d'une colonne, d'un pilastre, et généralement de tout corps qui en supporte un autre avec empattement.

Bâtis. Réunion de traverses et de montants entourant un corps de menuiserie quelconque.

Bâtis dormant. Cadre ordinairement en chêne scellé dans les feuillures d'une baie et recevant les battants d'une croisée ou les chassis ouvrants; la traverse du bas ou pièce d'appui est en forme de quart de rond avec larmier au-dessous, les montants sont ou feuillés ou portant une rainure à fond arrondi dans laquelle se loge la noix réservée sur le champ des parties ouvrantes.

Bâtis de tenture. Tringles de bois fixées contre un mur, et sur lesquelles on cloue des tapisseries, des étoffes ou la toile sur laquelle on colle le papier de tenture, afin de les préserver de l'humidité des murs; ils sont quelquefois assemblés.

Battants de croisée. Montants des chassis ouvrant de croisée; lorsque les croisées sont à deux vantaux, les battants milieux se joignent au moyen d'une gorge ou gueule de loup dans laquelle se loge la rive arrondie de l'autre battant dit battant mouton. Les battants opposés sont ferrés sur le dormant; dans les croisées à un seul vantail, le chassis ouvre à feuillures.

Battement. Tringle de bois remplaçant la feuillure dans certains cas, son nom indique assez à quoi elle sert; sur la rive d'un bâtis elle sert aussi de feuillure.

Bec d'âne. Outil servant à creuser les mortaises dont il doit avoir la largeur.

Bec de canne. Outil à fût, servant à pousser des moulures; son bec recourbé en croissant sur le côté sert à arrondir par dessous certaines moulures. On donne également ce nom à un bec d'âne plus allongé et plus étroit qu'on emploie pour travailler les bois tendres.

Bec de Corbin. Espèce de moulure.

Biseau. Pente qu'on donne à un outil en l'affûtant. Une pièce taillée en biseau est celle dont on a abattu un angle de façon à former une surface de biais.

Blanchir. Enlever à l'aide de la varlope ou du rabot la surface brute d'une planche ou d'une pièce de bois.

Bois de bateau. C'est celui qui provient du déchirage des bateaux et particulièrement de ceux appelés toues.

Bois échauffé. C'est celui dont la sève est entrée en fermentation par suite d'emmagasinage avant qu'il soit sec, l'échauffement fait perdre aux fibres leur tenacité et il se pourrit et s'attaque par les vers, très promptement.

Bois debout. Celui dont les fibres sont verticales lorsqu'il est en œuvre.

Bois de fil. Celui qui est débité dans le sens parallèle aux fibres.

Bois fier. On désigne ainsi les bois verts et cassants.

Bois sur maille. Celui qui est refendu sur un sens des rayons de l'arbre en grume, lorsque les bois sont refendus à travers leur diamètre ils sont sujets à travailler.

Bois roulé. Celui dont les cercles concentriques se séparent par le défaut de liaison entre la sève d'une année et celle de l'année précédente. C'est un défaut très grave et qui doit faire rejeter tout bois qui en est atteint.

Bois rouge. Celui qui par suite d'un commencement de pourriture est marbré de taches rouges.

Bois tranché. Celui dont les fibres ne sont pas en direction parallèle à sa longueur et à son épaisseur, cette disposition est très nuisible surtout dans les assemblages, à la solidité desquels elle nuit considérablement.

Bouge. Terme employé pour désigner la partie ronde ou bombée d'une pièce de bois.

Bouvet. Outil à fût qui sert à pousser les rainures et les languettes, qui forment le joint de deux planches. Le fer du bouvet à joindre est fait en fourche dont l'intervalle est de l'épaisseur de la languette ; celui qui forme la rainure n'a qu'une lame de la largeur de cette rainure; il y a aussi le bouvet de deux pièces, qui sert à creuser les rainures, qui sont éloignées du champ, contre lequel s'appuie la pièce qui sert de joue.

Bouvet à noix. Outil dont les fers sont disposés comme ceux des bouvets à joindre, seulement au lieu de creuser une rainure carrée dans le fond, ils la font arrondie, et la languette est aussi arrondie sur sa rive.

Brayette. Espèce de moulure ayant quelque rapport avec le tore, mais dont la courbe n'est pas régulière.

Brette. Fer dont le taillant est dentelé.

Broche. Cheville en fer; les fiches dont on ferre les croisées sont garnies de broches.

Brouter. Se dit d'un outil dont le fer mal assujetti ressaute en coupant le bois.

C

Cadre. Ornement formé par un profil de moulure, entourant une partie de menuiserie.

Calibre. Planche dont la tranche présente une courbe quelconque servant à tracer des cintres. On donne aussi ce nom à des outils de maçonnerie, servant à traîner les corniches et bandeaux, et toute espèce de profil; cet outil a le tranchant garni de fer.

Caissons. Décoration inférieure d'une voûte ou d'un plafond.

Se dit aussi de compartiments dans certaines parties de menuiserie.

Cannelure. Rigole demi-circulaire exercée sur un fût de colonne, un pilastre dans le sens de la longueur.

Elles sont ou à vive arête comme dans l'ordre dorique, ou séparées par un listel comme dans les autres ordres d'architecture.

Les cannelures sont quelquefois remplies jusqu'à la

moitié de leur hauteur par une baguette, leur extrémité est toujours terminée par un arrêt arrondi.

Cavet. Moulure concave de la corniche dorique, elle est formée par un quart de rond.

Chambranle. Encadrement en menuiserie moulurée, des baies de portes ou croisées, les vantaux sont ferrés sur le champ d'un chambranle.

Champ. Se dit du côté mince d'une pièce de bois ; poser quelque chose de champ, c'est l'établir sur ce côté ; refendre un morceau sur champ, c'est opérer sur son épaisseur.

Chanfrein. Arête d'une pièce de bois taillée en biais, c'est analogue au biseau.

Chantourner. C'est former des courbes de toute espèce, dans une pièce de bois quelconque, cette opération se pratique avec une scie spéciale.

Chantournement. C'est l'opération décrite ci-dessus.

Chapiteau. C'est le couronnement d'une colonne ou d'un pilastre.

Les cinq ordres d'architecture ont des chapiteaux différents, dont les uns ne sont composés que de moulures sans ornements, et les autres sont au contraire ornés plus ou moins, selon l'ordre.

Châssis. Partie de menuiserie qui sert à éclairer un local quelconque ; il est composé de montants et traverses, il est quelquefois sans petits bois, ceux des croisées sont divisés par les petits bois assemblés dans le bâtis.

Les châssis de toit et ceux à tabatière servent à éclairer les greniers et les mansardes.

Chêne. Bois très employé dans les travaux de menuiserie ; il y en a de plusieurs sortes.

Chêne de Hollande. C'est une sorte de chêne qui est refendu sur la maille.

Cheville. Petite broche en bois de chêne de fil, elle est carrée et légèrement effilée.

Cheviller. Fixer les assemblages de diverses pièces ensemble au moyen de chevilles.

Chevron. Pièce de bois carrée de toute dimension, ceux en sapin servent à supporter les lattis des couvertures, et des cloisons quand ils sont dits poteaux de remplissage.

Cintre. Pièce décrivant une courbe, une arcade.

Cintre surbaissé. Courbe dont la hauteur est moins grande que la base, c'est un segment d'ellipse sur son grand diamètre.

Cintre surhaussé. C'est le contraire du cintre précédent.

Cintré. Se dit vulgairement d'une pièce décrivant une courbe quelconque.

Ciseau. Outil tranchant et emmanché, composé d'une lame de fer aciéré aiguisé en biseau par le bout.

Claveau. Pièce de bois taillée en biais et dont les lignes se rapportent au point central d'une arcade, elle correspond à la pierre du milieu ou clé de voûte.

Clés. Espèce de tenons placés dans l'épaisseur d'une emboîture et qu'on cheville dans les deux parties jointes.

On appelle également clés, des coins de bois mince qui servent à rapprocher et joindre les coins d'un cadre ou d'un châssis à tableau, en pénétrant dans les entailles faites en queues, qu'on pratique à cet effet.

Coffiner. Bois qui se tourmente et se gauchit faute d'être suffisamment sec.

Col de cygne. Sorte de fermeture de croisée, de porte cochère.

Colonne engagée. Ainsi nommée lorsqu'elle tient au mur par une portion quelconque de son diamètre.

Colonne diminuée. Celle dont la diminution du fût commence sur le pied.

Colonnes couplées. On appelle ainsi les colonnes placées deux à deux et dont les bases se touchent presque.

Compas. Outre les compas ordinaires à branches de fer dont se servent les menuisiers, ils emploient aussi le compas à verge qui sert à tracer de grands cintres.

Cet instrument est composé de deux têtes à pointe, dont l'une est fixe à une des extrémités, et dont l'autre glisse sur une tringle d'une certaine longueur; la tête qui est mobile peut se fixer sur la tringle au moyen d'une clé ou d'une vis.

Le compas d'épaisseur qui a les branches courbées sert à prendre l'épaisseur des parties rondes.

Cône. Pièce qui a la forme d'un pain de sucre.

Conique. Qui est en forme de cône.

Conduit. Partie saillante du fût d'un outil soit en dessous soit de côté, et qui sert à le guider.

Congé. Moulure concave en quart de cercle, c'est celle qui joint le fût d'une colonne à son astragale ou à sa base.

On donne le même nom à l'outil qui sert à pousser cette moulure.

Console. Ornement en saillie servant à porter de petites corniches ; la console renversée est celle dont le plus grand enroulement est en bas, elle sert quelquefois d'amortissement.

Contre-chambranle. C'est un chambranle sans feuillure, s'appliquant à l'autre côté du mur revêtu du chambranle.

Contre-profiler. Profiler en creux sur une pièce de bois, les moulures saillantes d'une autre pièce.

Contrevents. Volets extérieurs d'une croisée.

Corniche. On donne ce nom à toute saillie profilée couronnant un corps.

Corniches volantes. Lorsqu'au lieu de profiler une corniche sur une pièce de bois massive, on établit ses moulures sur plusieurs pièces unies et assemblées de manière à suivre la direction des moulures; on dit que c'est une corniche volante.

Corroyer une pièce de bois. C'est à l'aide d'un instrument à fût, et surtout de la varlope ; dresser, dégauchir, mettre de largeur et d'épaisseur une pièce de bois quelconque.

Coulisses. Pièce à rainure recevant une partie glissante; les coulisseaux n'ont pas de rainure, mais une feuillure sur laquelle glisse une tablette, un tiroir ou autre objet.

Les coulisses de remplissage servent à contenir le pied des remplissages des cloisons légères en plâtre, on en place aussi au bas et en haut des cloisons pleines en bois.

Coupes carrées. Celles qui se font en travers d'une pièce de bois ou perpendiculairement à son axe.

Coupes d'onglet. Coupes d'une pièce de bois sous un angle de 45 degrés, l'assemblage à angle droit de pièces ornées de moulures qui doivent se correspondre, se fait à onglet.

Coupe (**fausse**). Toute coupe qui n'est ni carrée ni d'onglet.

Coube. Pièce de bois cintrée.

Couronne. Sorte de moulure.

Crémaillère. Tringles dentelées sur champ, et supportant les tasseaux d'une bibliothèque.

Crochet d'Établi. Patte de fer coudée et dentée placée près de l'extrémité et sur le devant de l'établi.

Elle sert à retenir les pièces de bois qu'on veut travailler et sur lesquelles on veut pousser des moulures.

Croisées. Les croisées se composent d'un bâtis dormant dans lequel s'ajustent un ou deux vantaux garnis de vitres.

Les croisées doubles sont celles qui se posent à l'extérieur sur le bord des tableaux; celles à coulisse qui peuvent être à un ou deux vantaux se composent de châssis vitrés fixes, ou dormants et formant la partie supérieure de la croisée; ils sont séparés de la partie inférieure par une traverse nommée imposte; cette partie inférieure et mobile, est composée d'un ou deux vantaux dont le champ présente une languette glissant dans la rainure du dormant ; on lève ou on abaisse ces vantaux suivant qu'on veut ouvrir ou fermer la fenêtre.

Croisillons. Petits bois garnissant le châssis d'une croisée. A l'extérieur ils présentent une feuillure qui reçoit la vitre à l'intérieur, ils sont ordinairement ornés d'une moulure.

Crossettes. Ressauts à angle droit qui forment des angles sur une moulure ou un champ.

Cimaise. Moulure qui se place ordinairement pour former frise au-dessous du papier de tenture, ou pour couronner un lambris d'appui.

D

Débillarder une pièce de bois. C'est la dégrossir pour en former une courbe.

Débiter le bois. Le refendre sur la largeur, ou sur l'épaisseur pour former des pièces de différentes sortes.

Dégauchir une pièce de bois. C'est-à-dire la dresser et la rendre parfaitement plane.

Denticules. Ornement d'architecture qu'on emploie quelquefois en menuiserie. Ce sont de petites parties saillantes dont le plan est carré et dont la hauteur est de trois parties, la largeur de deux et l'espacement d'une partie ; elles sont rapportées ou taillées dans la masse.

Dormant (V. *Bâtis*).

Doublette. Nom donné à un certain échantillon de bois.

Dosses. Pièce qu'on enlève sur le corps d'un arbre lorsqu'on l'équarrit après l'avoir écorcé, elles présentent ordinairement une courbe du côté extérieur.

Doucine. Moulure très employée dans la menuiserie ; elle est composée de deux courbes, l'une convexe, l'autre concave ; elle diffère du talon renversé par la forme de ces courbes, dont le point de centre est placé différemment.

Dresser le bois. C'est le blanchir sur les rives et le corroyer.

E

Ébrasement. On nomme ainsi la menuiserie qui revêt les baies ou embrasements des portes et croisées.

Écharpe (*Bois en*). Se dit d'une pièce de bois placée diagonalement dans un bâtis.

Élégir. Enlever du bois dans certains endroits comme pour feuillures, etc.

Embâse. Saillie en cordon, ou renflement au commencement de la soie d'un outil.

Emboitures. Traverses ordinairement en chêne portant des rainures qui barrent l'extrémité des portes pleines des tables, volets, etc. Elles reçoivent les languettes pratiquées au bout de ces différentes parties, et quelquefois les tenons qu'on réserve pour consolider les emboitures, et qui sont chevillés avec elles.

Embrasse. Cordon de moulures sur un pilastre ou une colonne.

Embrèvement. Joint de deux pièces de bois par des rainures et languettes, quelquefois par deux rainures dont la joue de l'une sert de languette pour s'embrever sur l'autre pièce.

Enmarchement. Espace séparant les deux limons d'un escalier, et qui donne la longueur des marches.

Encorbellement. Saillie portant à faux au delà du nu d'un mur. En menuiserie on donne ce nom à la cimaise intermédiaire d'une corniche.

Enfourchement. Sorte d'assemblage.

Entablement. Saillie ornée de moulures qui termine un édifice, et que la menuiserie emprunte à l'architecture. Il se divise en trois parties qui sont, en commençant par le bas : l'architrave, la frise et la corniche.

Entaille. C'est une pièce de bois dur qui sert à travailler de petits morceaux qu'on ne peut mettre sous le valet ou dans la presse, et qu'on serre, au moyen de coins, dans une entaille pratiquée à cet effet.

L'entaille à limer les scies est faite avec un trait de scie dans lequel se place la lame à affûter et qui est maintenue serrée par un coin disposé à cet effet.

Entretoise. Pièce de bois employée dans les cloisons de plâtre ; elles sont assemblées dans les poteaux de remplissage et parfois scellées d'un bout dans le mur.

Entrevous. Échantillon de bois qui a 0^{m},026 d'épaisseur sur 0^{m},24 de largeur et 2 à 3 mètres de long.

Enture. C'est la jonction bout à bout de deux pièces de bois et en ligne droite par un assemblage quelconque ; c'est un moyen de rallonger les pièces qui sont trop courtes.

Épaulement. Petit espace plein, réservé à la suite d'une mortaise ou entre deux mortaises.

Équerre. C'est un outil composé de deux règles assemblées à angle droit, mais dont la plus épaisse forme, sur 'autre règle, saillie en dessus et en dessous afin que la joue vienne s'appuyer contre la pièce de bois ; la règle la plus mince sert à indiquer le trait carré ou d'équerre à tracer.

L'équerre onglet porte, au lieu d'une règle mince, deux pièces dont l'une, celle du haut, sert à tracer l'angle droit, et celle du bas l'angle d'onglet ou de 45 degrés, l'entre deux de ces deux pièces est un vide qui a la forme de l'angle droit. La fausse équerre ou sauterelle est formée d'une pièce fendue dans laquelle vient se loger une règle à pivot qui prend toutes les positions nécessaires.

Établi. Forte table de bois sur laquelle le menuisier pose et fixe la pièce qu'il travaille au moyen du valet ou du crochet denté.

Éventail. On donne ce nom à la partie supérieure d'une croisée cintrée ou imposte, lorsque les petits bois rayonnent vers le centre.

F

Fermoir. Ciseau emmanché et à deux biseaux servant à bûcher le bois pour le dégrossir.

Fermoir à nez rond. Outil à manche à deux biseaux comme le fermoir ordinaire, mais dont le tranchant est oblique et sert à fouiller les angles rentrants.

Feuilleret. Outil à fût qui ne diffère du guillaume que parce qu'il est à joue et que son fer coupe à la fois en dessous et sur le côté ; il sert à faire les feuillures.

Feuillet. Planche mince qu'on emploie pour quelques panneaux et ouvrages légers. Il est d'échantillon, celui de sapin à $0^m,02$ d'épaisseur et celui du bois de Hollande à $0^m,011$ à $0^m,014$.

Feuillure. Angle rentrant creusé dans le bois parallèlement à sa rive.

Giron. Largeur des marches d'escalier, prise au milieu de leur longueur.

Gorge. Monture concave dans le genre du cavet employé en menuiserie pour les chambranles, les encadrements.

Gorges ou Gorgets. Outils à fût pour pousser les moulures.

Gouge. Outil emmanché dont le taillant est creusé en gouttière.

Goujon. Cheville de fer servant à joindre certaines pièces de menuiserie ; c'est aussi un tenon carré fait au bas d'un poteau, pour entrer dans un trou fait dans un dé de pierre.

Goussets. Petites consoles taillées dans une planche et servant à soutenir une tablette.

Grain d'orge. Cannelure triangulaire qui accompagne quelquefois d'autres moulures ; l'outil à fût qui forme cette moulure porte le même nom.

Filet. Moulure étroite arrée employée en architecture; c'est aussi une étroite bande de placage que l'on incruste dans un travail d'ébénisterie; les filets n'ont qu'un ou deux millimètres de largeur.

Flaches. On donne ce nom aux parties de bois qui étaient immédiatement sous l'écorce et que le corroyage n'a pas enlevées.

Foret. Outil de fer servant à percer.

Fourrures. Morceaux de bois brut placés sous les parties de menuiserie.

Frises. Partie lisse de l'entablement située entre l'architrave et la corniche. En menuiserie, on appelle frise une bande horizontale qui sépare deux autres parties ornées de moulures; on appelle également frises des planches étroites qui composent un parquet soit à l'anglaise, soit de tout autre genre, il en est de même des bandes d'environ dix centimètres qui encadrent les feuilles de parquet.

Frontons. Amortissement d'un avant-corps formé par deux portions de corniche placées obliquement, et qui se joignent par le haut en formant un angle obtus; il y a des frontons circulaires.

Fruit. Hors d'aplomb, pièce qui penche en arrière.

Fuit (Outil qui). On dit qu'un outil fuit lorsque n'étant pas poussé d'une main assez ferme, il se dérange de la direction voulue.

Fût. Monture en bois, des outils à corroyer le bois et pousser les feuillures et moulures.

G

Garot. Morceau de bois servant à tendre la corde d'une scie, et raidir la lame.

Gueule de loup (V. *Battants de croisée*). On fait également cette cannelure dans l'épaisseur des battants de certaines portes.

Guillaume. Outil à fût dont le fer élargi par le bas, affleure au dehors les deux côtés du fût en sorte qu'il est propre à fouiller les angles rentrants ; le guillaume de côté, a son fer perpendiculaire et placé de biais sur la largeur dont le bord extérieur présente un biseau tranchant.

Guillaume à plate-bande. Cet outil à fût, a un fer dont l'angle est arrondi, et un second fer qui ajoute un filet à la plate-bande ; il y a encore plusieurs autres espèces de guillaumes, il y en a de courts, de droits, de cintrés, à navettes, etc.

Guimbarde. Outil composé d'un morceau de bois plat, recevant un fer avec coin, il sert à égaliser les parties de fond d'un élégissement.

H

Horizontal. Une ligne ou un plan sont horizontaux lorsqu'ils sont parallèles à l'horizon.

Hachement. Enlever du bois pour diminuer sa largeur et son épaisseur.

Hacheron. Instrument très commode pour dégrossir les bois, et plus connu en province qu'à Paris. Il a la forme d'une hachette ordinaire, mais la table ou partie plane et aciérée de l'outil est à gauche et le biseau à droite, de plus son manche se courbe légèrement au dehors, afin que l'ouvrier ne se froisse pas les doigts contre la pièce qu'il dresse ou dégrossit.

Huisserie (Poteau d'). V. *Poteau d'huisserie.*

I

Imposte. Partie supérieure et dormante d'une croisée ou d'une porte vitrée. On donne aussi ce nom à une traverse moulurée sur laquelle s'appuie un archivolte.

J

Jalousie. Appareil destiné à garantir du soleil, c'est un assemblage de lames de bois fort minces espacées entre elles et montées sur des échelons en rubans de fil avec des cordons de tirage et d'évolutions, le pavillon d'une jalousie est la planche découpée ou non qui recouvre la jalousie, relevée dans l'intérieur des tableaux de croisée.

Jet d'eau. Traverse en forme de talon renversé, placée au bas des vanteaux de croisée, pour empêcher l'eau d'entrer dans les appartements.

Jeu (Donner du). L'humidité faisant gonfler les bois surtout dans un bâtiment neuf, on est obligé d'enlever des parties de bois aux portes et aux fenêtres pour pouvoir les ouvrir et les fermer.

Joints ou **Onglets** (V. *Onglets*).

Jour (V. *Conduit*).

L

Lambourdes. Pièces de bois scellées sur le plancher et sur lesquelles on pose les parquets.

Lambris d'appui. Menuiserie ornée de cadres, panneaux, pilastres dont on revêt le bas des murs d'une pièce jusqu'à hauteur d'appui.

Lambris de hauteur. Revêtement comme ci-dessus, mais de toute la hauteur de la pièce jusqu'au plafond.

Languettes. Partie saillante ménagée sur le champ d'une planche qu'on veut joindre avec une autre qui porte une rainure.

Lapidaires. Instrument analogue à celui dit pierrier, c'est une réunion de petites roues en noyer et dont le champ offre la forme des moulures dont on a besoin. Ces meules sont espacées l'une de l'autre et montées sur un arbre semblable à celui d'une meule. On les imbibe d'huile mêlée à de l'émeri en poudre, et on s'en sert pour aiguiser les fers des outils à moulures (V. *Pierriers*).

Larmier. Membre carré au-dessous de la corniche. Ce nom se donne aussi à une moulure creusée sous les jets d'eau.

Levée. Tringle qu'on refend sur la rive d'une planche, pour en diminuer la largeur ou enlever l'aubier.

Limon. Pièce de bois droite ou contournée dans laquelle s'assemblent les marches d'escalier ; le faux limon fixé contre le mur supporte les marches et contre-marches.

Lumière. Ouverture pratiquée dans le fût d'un outil pour recevoir le fer qu'on y fixe au moyen d'un coin évidé, pour permettre la sortie des copeaux.

Listel. Petite moulure carrée qui couronne ou accompagne les moulures plus fortes. On nomme aussi listel la partie plate que sépare les cannelures d'une colonne.

Losange. On donne ce nom à tout parallélogramme qui présente deux angles aigus et deux obtus.

M

Maille. On appelle ainsi les taches luisantes que présente le bois de chêne débité parallèlement aux rayons de l'arbre.

Maillet. Marteau de bois formé d'un carré de charme ou de frêne, emmanché.

Main courante. Garniture en bois quelconque d'une rampe d'escalier. Ce bois creusé en dessous s'adapte par des vis à la plate-bande qui réunit les barreaux.

Maître à danser. Sorte de compas servant à prendre les diamètres intérieurs et extérieurs.

Masse (Menuiserie en). (V. *Plein bois*).

Mastic ou **Futée.** Pâte qui sert à remplir les fentes, trous et crevasses d'un ouvrage en menuiserie. Si l'ouvrage doit être peint en détrempe, la futée se fait avec de la colle forte claire, à laquelle on ajoute du blanc d'Espagne et de l'ocre jaune, en mêlant le tout et le réduisant à la consistance de pâte épaisse ; si l'ouvrage doit être peint à l'huile, on mastique avec un mastic analogue à celui des vitriers, auquel on ajoute un peu de litharge et d'ocre jaune.

Mêche. Petit outil à percer, qui se monte dans un vilbrequin.

Membrure. Échantillon de bois qui porte 0m,06 sur 0m,08 et 2 à 5 mètres de long.

Meneau. Dans les croisées à coulisse, c'est la séparation des deux vantaux.

Merrain. Bois mince et dur fendu en petites planches, servant à faire du parquet.

Métope. Espace carré qui sépare les triglyphes de la frise dorique et qui est souvent orné de sculptures.

Modillon. Petite console renversée. Ornement sculpté et placé sous le larmier de la corniche qu'elle semble soutenir.

Mollet. Calibre pour les languettes d'assemblage ; c'est un petit morceau de bois dur pourvu d'une rainure.

Montant. On appelle ainsi toute pièce de bois perpendiculaire.

Morfil. Rebarbe que laisse l'affûtage sur un grès ou sur la meule, au tranchant d'un fer ou d'un outil, et qu'on enlève au moyen de la pierre à l'huile.

Mortaise. Cavité creusée dans une pièce de bois pour former un assemblage, elle reçoit le tenon d'une autre pièce.

Mouchette. Outil à fût dont la semelle est creuse et dont le fer est affûté en croissant. Cet outil sert à arrondir le bois en forme de baguette. Le rabot rond est l'inverse de la mouchette.

Moulures couronnées. C'est lorsqu'une moulure simple est surmontée d'un filet, la moulure simple est la doucine, le talon, le tore, etc.

N

Nacelle ou Trochille. Moulure composée d'une gorge entre deux réglets d'égale saillie.

Navette. Sorte de guillaume, dont le fût diminué de chaque bout sur l'épaisseur, a fait comparer sa forme à celle d'une navette de tisserand.

Niveau. Instrument indispensable au menuisier et servant à reconnaître l'horizontalité d'une surface; il en existe qui sont faits d'un cadre de bois assemblé avec un fil à plomb sur la ligne de foi. D'autres niveaux plus maniables sont dits à bulle d'air et sont enchâssés dans une monture en métal, cuivre ou fonte.

Nervé. On nomme ainsi un panneau qui est soutenu derrière par des barres de bois ou des nerfs de bœufs collés.

Nervure. Filet creux à côté d'une moulure.

Noix. Nervure formant un creux demi-cylindrique.

Nu. Face d'une partie quelconque abstraction faite des moulures dont elle peut être ornée.

O

Olive. Profil affectant une forme ovale; c'est quelquefois celui d'une main courante de rampe ou de barre d'appui.

Onglet. Coupe à 45 degrés (V. *Coupe d'onglet*).

Ordre. Les ordres d'architecture sont au nombre de cinq savoir: le Toscan, le Dorique, l'Ionique, le Corinthien et le Composite. On peut y ajouter l'ordre Pœstum qui est dépourvu de base. Chacun de ces ordres se distingue par des caractères et des proportions qui lui sont propres, ainsi que par ses ornements particuliers.

Orle. Anneau qui entoure une colonne au-dessus du congé, à la base et au haut du fût.

Ove. Ornement en forme d'œuf qui s'applique à la moulure quart de rond ; il est employé dans les ordres dorique, ionique et corinthien.

P

Palier. Repos ménagé à chaque révolution que forme un escalier.

Panne. Partie amincie opposée à la planche d'un marteau. C'est aussi le nom d'une pièce de bois transversale qui soutient les chevrons d'un comble, dans leur longueur.

Panneaux. Partie d'une porte, d'un lambris, composée de planches minces jointes ensemble et encadrées par le bâtis ; ils sont dits à glace quand ils sont de l'épaisseur de leur embrèvement ; arasés, s'ils affleurent le bâtis, et à table saillante lorsqu'ils font saillie.

Les panneaux sont flottés lorsqu'ils se joignent à plat, l'un sur l'autre.

Parclauses. Petites tringles ou moulures qu'on rapporte à l'extrémité des moulures de longueur, en manière de traverses de cadres.

Parement. Partie extérieure d'un ouvrage de menuiserie; lorsque les deux faces sont apparentes, on dit que l'ouvrage est à deux parements.

Parquet. Assemblages de feuilles ou de frises qui s'enchevêtrent et forment des surfaces à compartiments ou à dessins; arasés, ils servent à revêtir l'aire d'un plancher dans les appartements.

Patte (Clous à). Clous dont la tête aplatie et élargie est percée d'un trou ou de plusieurs, et sont destinés à être cloués ou vissés sur les parties de bois qu'ils doivent fixer.

On donne aussi le nom de patte à la tête mobile du sergent.

Perçoir. Petit outil à manche, aigu, aplati, et à arêtes tranchantes, il sert à faire des trous à défaut de mèche ou de vrille.

Patin. Pièce de bois massive assemblée horizontalement, au pied d'un ou de plusieurs montants.

Persienne. Appareil de menuiserie mobile, qu'on place en dehors des croisées, pour garantir les appartements du soleil ; les persiennes s'ouvrent et se ferment comme les croisées. Elles sont à un ou deux vantaux et ajoutées dans les tableaux à feuillures pratiquées dans le mur, elles sont quelquefois ferrées dans un bâtis dormant.

Les persiennes sont garnies de lames de $0^{m},009$ à $0^{m},011$ d'épaisseur et placées à l'inclinaison de 45 degrés et fixées dans des entailles pratiquées sur le champ intérieur des montants.

On appelle Jalousie mécanique, une sorte de persienne dont les lames, mobiles sur un tourillon, peuvent recevoir un degré quelconque d'inclinaison à l'aide d'un mécanisme fort simple. Ces persiennes servent ordinairement pour les séchoirs.

Les persiennes à lames fixes sont quelquefois encaissées dans les tableaux de croisée, elles sont alors divisées en 2, 3 et 4 feuilles chaque vantail, afin de pouvoir se replier et ne pas déborder les tableaux.

Pièce à queue. C'est un petit morceau de bois destiné à retenir deux parties quelconques de menuiserie, à cet effet elle est taillée en forme de queue d'aronde, et collée ou chevillée dans des entailles préparées ad hoc.

Pied cornier. Montant formant l'angle d'un coffre, d'un siège ou d'un meuble.

Pied de biche. Morceau de bois dur entaillé et fixé à l'une des extrémités et sur le côté de l'établi, il sert à maintenir sur champ la planche qu'on veut travailler. Quelquefois, c'est un morceau avec entaille en V qu'on serre avec le valet, pour maintenir une pièce de bois déjà arrêtée par le crochet denté.

On appelle aussi pied de biche un outil en fer dont le

bout est fendu et un peu recourbé, et sert à arracher des clous à tête à défaut de tenailles.

Piédouche. Petite base avec adoucissement, servant à porter un buste ou tout autre objet de petite dimension.

Pierriers. On donne ce nom à des pierres du Levant, anguleuses, arrondies en demi cylindre ou creusées en gouttière ; elles sont de diverses dimensions et fixées par des coins dans des entailles creusées en travers d'une pièce de bois.

Les pierriers servent à aiguiser les gouges et surtout les fers d'outils à moulures (V. *Lapidaires*).

Pigeon. Petite feuille de bois amincie avec laquelle est rempli un joint écarté ou un arasement quelconque. On lui donne aussi le nom de Phlipot.

Pilastres. Colonne plate, quelquefois cannelée avec base, astragale et chapiteau, qui est engagée dans le mur dont elle est saillante du quart ou des cinq sixièmes de son épaisseur.

En menuiserie c'est une portion de revêtement unie ou encadrée, et surtout étroite, qui sépare de grandes parties sur lesquelles elle fait saillie.

Placage. Tout ouvrage dont la surface est revêtue de feuilles très minces de bois plus ou moins précieux, et qui sont fixées à la colle.

Placards. Porte d'armoire à un ou plusieurs vantaux et faite d'assemblage avec bâtis.

Plafond. Revêtement en menuiserie des soffites de porte ou d'ébrasements de croisées.

Planchers. Les planchers en menuiserie sont faits en planches de largeur et jointes à rainures et languettes, clouées sur lambourdes ou sur des solives ; lorsqu'ils sont faits de frises ou planches étroites on les nomme parquets.

Plateau. Échantillon de bois d'une forte épaisseur.

Platebande. Partie unie enlevée autour d'un panneau et qui est ornée quelquefois d'un cavet ou d'un filet.

Plein bois. Ouvrage fait sans assemblages et dans lequel on prend les champs et panneaux dans une même masse formée de morceaux collés ensemble. Ce travail porte aussi le nom de menuiserie en masse.

Plinthre ou socle. Partie lisse formée par une planche mince de 10 à 15 centimètres de largeur et qui règne autour d'une pièce au bas du lambris ou de la frise. On donne le même nom au bas d'un piédestal ou au soubassement d'une colonne.

Pointe à tracer. Poinçon d'acier emmanché.

Point de diamant. Réunion de quatre points en onglet formant 8 angles aigus.

Porte pleine. Cette porte est unie sans compartiments et formée de planches jointes ensemble et emboitées haut et bas. (V. *Emboiture.*)

Portes coupées. Ce sont les portes prises dans la tapisserie ou sur le lambris en sorte que celui-ci doit être coupé; lorsqu'elles sont seulement prises dans la tapisserie on les nomme portes sous tenture.

Porte tapisserie. (V. *Bâtis de tenture.*)

Poteaux d'huisserie. Ce sont des poteaux placés dans les cloisons et formant le bâtis d'une porte. Ils doivent être bien dressés et porter une feuillure pour recevoir la porte.

Potence. Support d'assemblage en trois parties remplissant le même objet que le Gousset.

Presse d'établi. Sorte d'étau en bois fixé sur le pied de devant à gauche de la table, et servant à maintenir sur champ les pièces à travailler. Il y a encore d'autres presses qui ne sont en usage que pour les ébénistes, ces presses qu'on qualifie d'horizontales, verticales, à main, ou à châssis, servent à maintenir serrées les pièces qu'on veut coller ensemble.

Profil. Contour de l'ensemble des moulures qui ornent une pièce de menuiserie.

Q

Quart de rond. Moulure dont le profit est un quart de cercle; on donne le même nom à l'outil qui la forme.

R

Rabot. Outil à fût du genre de la varlope, mais sans poignée et plus petit, il sert à terminer et replanir les surfaces.

Rabot à crémaillère. Au moyen de cet outil, qui taille les dents des crémaillères d'une régularité parfaite, on fait d'un bout à l'autre d'un madrier des entailles angulaires et à égale distance les unes des autres, et cela dans toute la largeur du madrier, qu'on refend ensuite en donnant aux crémaillères la largeur voulue.

Cette opération s'exécute en clouant sur le bois à façonner, une petite règle qui guide l'outil et en changeant cette règle de place après chaque entaille.

Rabot à dents. Outil qui sert à bretter le bois pour faciliter le collage. Le fer de ce rabot est denté à distance d'un millimètre environ.

Rabot à mettre d'épaisseur. Cet outil sert à faire des triangles de toute grosseur, au moyen de joues mobiles qu'on y adapte.

Rabot cintré. Cet outil sert à corroyer les surfaces courbes; en conséquence son fût est cintré; il y a des rabots courbes dont la semelle est concave, et d'autres dont elle est convexe, afin de pouvoir également corroyer des parties cintrées en saillie et en creux.

Rabot rond. Outil destiné à creuser le bois en canaux.

Raccord. Action de raccorder les moulures de deux pièces qui se joignent sous un angle quelconque.

Racloir. Outil servant à racler le bois.

Rainure. Cavité longitudinale faite sur une pièce, pour l'assembler avec une autre portant une languette, ou former une coulisse (V. *Bouvet*).

Rampante (Pièce). Pièce établie dans une position inclinée.

Rampe. Appui d'escalier.

Râpe. Sorte de lime dont les menuisiers se servent.

Rappel (Boîte de). Appareil particulier à l'espèce d'établi nommé établi à l'allemande.

Rapporteur. Instrument de cuivre formant un demi cercle et divisé en 180 degrés, il sert à mesurer les angles des figures.

Râtelier. Traverse entaillée, fixée contre un mur et servant à placer les outils à manche; on dispose également une autre espèce de râtelier sur un des côtés de l'établi, à cet effet on y fixe deux taquets sur lesquels on cloue une planche étroite longue d'environ 50 centimètres, et qui se trouve distante d'un centimètre de l'établi ; c'est dans cet intervalle qu'on place les outils à manche, tels que ciseaux, becs d'âne, fermoirs, etc.

Ravaler le bois. L'amincir, enlever le bois en quelques endroits, afin de donner plus de relief aux moulures.

Recaler. Dresser et finir un joint, recaler une mortaise.

Recouvrement. Saillie formée par la joue d'une pièce embrevée dans une autre (V. *Embrèvement*).

Réglet. Instrument composé de deux planchettes d'égales hauteur et grandeur dont les rives sont parfaitement dressées; elles sont réunies par une tringle carrée qui les traverse, elles peuvent s'écarter ou se rapprocher l'une de l'autre.

On voit, en appliquant cet instrument sur une surface corroyée, si la rive inférieure des deux planchettes la touche également partout. Dans le cas contraire, cette surface serait mal dégauchie.

Replanir. Enlever avec le rabot et le racloir les plus petites inégalités d'une planche corroyée.

Retombée d'un cintre. La distance qu'il y a entre le point le plus élevé de sa courbe et les pieds droits ou autres parties qui le soutiennent.

Revers d'eau. Rebord placé au-dessus d'une partie saillante, telle qu'une corniche, pour faciliter l'écoulement de l'eau, lorsque cette partie est exposée à l'injure du temps.

Révolution. Retour d'un escalier à l'aplomb de son départ du bas.

Riflard. Nom qu'on donne à la demi-varlope.

Rifler ou Riffler. Dégrossir, amincir le bois avec la demi-varlope.

Rive. Bord d'une planche ou d'une pièce quelconque de menuiserie.

River. Reployer la pointe d'un clou qu'on a enfoncé dans le bois, et qui le dépasse.

Rond entre deux carrés. Moulure en quart de cercle entre deux filets carrés. On donne le même nom à l'outil qui forme cette moulure.

S

Sabot. Outil à fût courbe propre à pousser des moulures dans les parties cintrées (V. *Rabot cintré*).

C'est aussi l'extrémité circulaire et arrondie d'une marche d'escalier.

Sauterelle ou Fausse équerre. Équerre dont les côtés sont mobiles et peuvent donner tous les angles. La lame d'un rasoir avec sa monture donne assez bien l'idée de la disposition d'une fausse équerre.

Scie. Le principal outil du menuisier ; on se sert pour débiter le bois, des scies à refendre, à débiter, à chantourner et de la scie allemande. La scie à tenon, celle à araser servent à abattre les tenons et à les araser.

Scie à chevilles. C'est un morceau de scie fixé en dessous d'un fût par des vis, la scie débordant la joue du fût, on peut scier des arasements de la plus grande largeur comme pour les emboitures.

Scie à découper. C'est un ciseau denté qu'on fixe dans la tige d'un trusquin.

Scie à dégager. Petit outil à manche, dont l'extrémité du fer, repliée à angle droit, est garnie de dents.

Sergent. Outil composé d'une tige en fer dont l'extrémité est recourbée, et d'une patte ou mentonnet mobile, glissant le long de cette tige; il sert à rapprocher les planches qu'on veut joindre ou coller par les bords, il y en a en bois. Les plus en usage sont à vis.

Servante. Appareil servant à soutenir le bout des pièces longues et minces qu'on travaille sur l'établi. C'est un montant fixé sur un patin et pourvu d'une cremaillère à support.

Seuil. Partie de bois dont on revêt l'aire de l'ébrasement d'une porte.

Sifflet (Assemelage en). Il se fait au moyen de deux entailles en bec de flûte.

Socle. Partie lisse plus large que haute placée sous la base d'un piédestal.

Support (V. *Tour*). Le support d'assemblage qu'on met sous les tablettes est à peu près le même que la potence dont il n'a pas l'écharpe, mais il se fait en bois plus fort.

T

Tableau de baie. La partie des parois de la baie d'une croisée, qui paraît au dehors.

Table saillante. Panneau embrevé dans un bâtis et faisant saillie sur une partie lisse.

Tablettes. Planches dressées, corroyées et posées dans les armoires ou sur des supports le long des murs. Les tablettes d'encoignure présentent un angle droit terminé par un arc de cercle.

Talon. Moulure convexe par le haut et concave par le bas.

Talon renversé. La disposition des courbes qui le forment est inverse de celle du talon droit. Il est ordinairement accompagné d'un filet et d'une baguette.

L'outil qui forme cette moulure a deux fers : l'un pour le talon avec son filet, l'autre pour la baguette.

Tampon. Morceau de bois de fil enfoncé de force dans un trou percé dans le mur pour y recevoir le clou qui fixe la partie de menuiserie contre ce même mur.

Taquet. Petit morceau de bois, souvent échancré pour recevoir les tasseaux qui ne peuvent être posés à demeure.

Tarière. Outil servant à percer le bois ; il y en a de plusieurs sortes, dont la meilleure est la tarière anglaise qui est à hélice.

Tasseau. Petite tringle de bois fixée contre le mur ou portée sur des crémaillères pour recevoir des tablettes.

Tenon. Partie amincie d'une pièce de bois, pour pénétrer dans une mortaise

Tenon flotté. Réunion de deux pièces qu'on veut joindre en accouplant leurs tenons, qui pénètrent dans la même mortaise.

Tête de mort. Cavité produite par la rupture d'une cheville au-dessous de la surface de l'ouvrage ; après l'avoir enfoncée, on la brise au lieu de la scier.

Tiers-point. Lime triangulaire pour affûter les scies.

Tour. Le menuisier est souvent obligé d'avoir recours au tour, pour confectionner certaines pièces telles que balustres, colonnes, etc. Tout le monde connaît cet appareil. Il se compose d'une barre entaillée d'une longue fente, ou mortaise longitudinale, dans laquelle entre le pied des poupées qui y est fixé.

Les poupées sont de différentes sortes ; il y en a de plus ou moins compliquées, depuis celles du bidet jusqu'à celles du tour à fileter.

Le support joue toujours le même rôle, c'est-à-dire qu'il supporte toujours l'outil qui mord la pièce.

Comme cet outil n'est pas du nombre de ceux dont se

servent habituellement les menuisiers, nous n'en dirons pas davantage sur son compte.

Tourne à gauche. Morceau de fer plat qui porte plusieurs entailles servant à saisir la dent des scies, et à les renverser alternativement, pour leur donner ce qu'on appelle la voie.

Tournevis. Outil servant à tourner les vis pour les faire pénétrer dans le bois.

Trait de Jupiter. Assemblage en zig-zag; il y en a de deux espèces.

Tranché. Bois (*V. Bois*).

Traverser le bois. C'est le corroyer avec le rabot ou la varlope, en travers de sa largeur.

Traverses. Pièces horizontales dans les bâtis, portes ou croisées.

Trépan ou Drille. Outil destiné à percer le fer ou toute autre matière dure; il est formé par une verge de fer portant un foret à son extrémité inférieure, et une boule massive de plomb ou cuivre, un peu au-dessus de la partie qui porte le foret.

On fait tourner le drille au moyen d'une corde fixée au-dessus et au-dessous de la boule, cette corde traversant la tête de la tige de fer, vient s'attacher aux deux extrémités d'une traverse; au milieu de la queue passe le haut de la tige, autour de la queue la corde est tournée et fait hausser et baisser la traverse sur laquelle on appuie, comme sur une pédale de tour, en suivant le mouvement; le drille fait alternativement un tour à droite et un tour à gauche, c'est un mouvement de va et vient. Les trous qu'il fait sont bien perpendiculaires.

Triangle. Espace renfermé par trois côtés.

Triglyphes. Ornements de la frise de l'entablement dorique; leur axe doit tomber à plomb sur celui des colonnes. Les gouttes sont des ornements trapézoïdes, qui correspondent au bas des triglyphes, dont ils sont séparés par un filet.

Trochille (V. *Nacelle*).

Trusquin. Outil de bois dont la tige est armée d'une pointe de fer ; il sert à tracer des lignes parallèles à la rive du bois, et tous les assemblages à tenons et mortaises. On emploie également pour les assemblages un trusquin dont la tige est armée de deux pointes espacées entr'elles de l'épaisseur de la mortaise.

Tympan. Partie circonscrite par les trois corniches d'un fronton triangulaire, ou par les deux corniches d'un fronton cintré.

V

Valet. Outil en fer avec lequel on fixe l'ouvrage sur l'établi.

Valet de pied. Plus court que le précédent, il est destiné à servir dans les pieds d'établi.

Vantaux ou vantail. Partie ouvrante d'une porte, croisée ou persienne. On dit à un vantail ou plusieurs vantaux.

Varlope. L'un des principaux outils de la menuiserie ; c'est une sorte de grand rabot muni d'une poignée, qui sert à corroyer et dresser le bois. La demi-varlope est d'un quart plus petite ; en outre, la lumière est plus inclinée, afin que le fer ayant plus de pente, morde davantage ; on donne, dans le même but, à son tranchant une forme légèrement arrondie ; cet outil sert à blanchir le bois, c'est-à-dire enlever sa superficie et ébaucher le corroyage.

La Varlope à onglet est encore plus petite que la demi-varlope et n'a pas de poignée, elle sert à finir les petits ouvrages.

Varlope à double fer. Elle porte deux fers superposés. Celui de dessus sert à briser le copeau qui s'engage dans la lumière et empêcher les éclats. Le fer supérieur doit être dépassé par celui de dessous, et son biseau doit être arrondi. Il y a des doubles fers qui se règlent par une vis.

Varlope à semelle de fer. C'est une modification peu usitée; son but est de donner à l'outil une plus grande durée, mais le travail est moins coulant qu'avec la varlope toute en bois.

Vilbrequin. Outil à faire des trous à l'aide de mèches qu'on y adapte ; on en fait en bois et en fer.

Vive arête. (V. *Arête*).

Voie. Donner de la voie, c'est pencher légèrement et d'une manière alternative, à droite et à gauche, les dents d'une scie, afin de faciliter son passage dans le bois.

Volige. Planche de bois blanc, et particulièrement de peuplier de 0m,011 à 0m,013 d'épaisseur.

Vrille. Petit outil en fer servant à percer des trous.

Volute. Ornement principal des chapiteaux ionique et composite, ayant la forme d'un enroulement en spirale.

CHAPITRE XII.

Manière d'estimer les ouvrages de menuiserie, afin d'en dresser les mémoires.

Il y a diverses natures de travaux ou plutôt diverses catégories, savoir :

Les travaux comptés en superficie.

Les travaux comptés en linéaire.

Les travaux comptés à la pièce.

Les journées comptées en attachement et subdivisées par des heures de travail.

Les travaux à compter en superficie sont :

1° Les travaux de cave en bois de bateau, de sapin, ou de chêne.

2° Ceux en bois neuf, sapin ou chêne et suivant l'épaisseur du bois employé en tablettes, portes ou cloisons, pour bois :

Brut	Coupé posé. Dressé, Rainé.
1 parement	Dressé, Rainé, Rainé collé.
1 plus value	pour 2ᵉ parement
—	pour joints chevauchés.

3° Plancher et parquet.

Par planches entières en sapin.

Parquet à l'anglaise en sapin :

Frises de 0m,027 d'épaisseur.
— 0m,034 —

Parquet à l'anglaise en chêne.

Frises de 0m,08 à 0m,11 de largeur de { 0m,027. 0m,034. 0m,041.

Frises de 0m,06 à 0m,08 de largeur de { 0m,027. 0m,034. 0m,041.

Parquet à point de Hongrie.

Écartement entre joints 0m,40 à 0m,50.

Frises de 0m,085 à 0m,11 de largeur de { 0m,027. 0m,034. 0m,041.

Frises de 0m,06 à 0m,08 de largeur de { 0m,027. 0m,034. 0m,041.

Écartement entre joints de 0m,33 à 0m,39.
Frises *idem* comme ci-dessus.

Plus-value pour frises d'encadrement aux parquets de point de Hongrie : prix par mètre superficiel à sortir dans la colonne d'argent.

Plus-value pour parquet à bâtons rompus : Idem que ci-dessus.

Plus-value pour retourné au milieu : chaque losange sera compté en argent.

Le point de Hongrie retourné sur tous sens se mesure et se timbre comme le précédent.

Celui en merrain, idem.

Le prix des divers parquets est établi comprenant la pose des lambourdes, mais non le replanissage.

Il se fait des parquets sur bitume dont le métré est le même que ci-dessus, mais c'est une industrie spéciale ; peu de menuisiers s'en occupent.

Des châssis ravalés de moulures, les châssis vitrés sans dormant :

En sapin petits bois en chêne et de l'épaisseur de....................	0m,027. 0m,034. 0m,041. 0m,054.

Les châssis sans petits bois et mesurant un mètre superficiel seront comptés en linéaire, comme bâtis à quatre parements.

Les dormants de ces châssis seront comptés de même en linéaire, comme bâtis à quatre parements avec assemblages en plus d'un par mètre, comptés séparément.

Les plus-values de châssis à la grecque, seront comptées pour 5/10 en plus, pour les parties biaises seulement.

BOIS NEUF POUR CROISÉES.

Croisée en chêne ouvrant à noix et gueule de loup avec dormant, jet d'eau et pièce d'appui, sans petits bois.

Épaisseur de châssis	0m,034	dormant	0m,041	d'épaisseur.
—	0m,041	—	0m,054	—
—	0m,054	—	0m,08	—

Plus-value de moulure aux deux parements 1/20 du prix.

Les travaux de petit bois produiront pour chaque, une plus-value de 007 sur la hauteur de la croisée.

Dans la largeur de la croisée il sera ajouté 004 à cette largeur, pour chaque rang de petits bois montants.

Au-dessous de 170 de hauteur et par chaque 005 en moins, on ajoutera 003 à la hauteur réelle, les angles arrondis seront comptés en argent.

PORTES-CROISÉES.

Les parties vitrées mesurées jusqu'au milieu de la traverse d'appui et comptées comme croisées.

Les parties d'appui seront mesurées dans œuvre des dormants et du dessous du jet d'eau, pour être comptées comme l'espèce de lambris à laquelle ils appartiennent. Le surplus des battants dormants, sera compté au mètre linéaire et comme bâtis à quatre parements.

BOIS NEUF POUR PERSIENNES.

Compris feuillures et baguettes de fermeture.

Lames et bâtis en sapin de..........	0m,027. 0m,034. 0m,041.
Lames en sapin, bâtis en chêne......	0m,027. 0m,034. 0m,041.
Lames et bâtis en chêne............	0m,027. 0m,034. 0m,041.

Aux persiennes de moins de 045 de largeur, il sera ajouté 1/25 de la surface par chaque 001 de largeur en moins.

Jalousies garnies de cordes et rubans dits tirants de bottes, ou de chaînettes étamées, lames, tête, et pavillon, chantournés, le tout peint à l'huile à 3 couches

En sapin.
En chêne.

BOIS NEUF POUR LAMBRIS.

Lambris d'assemblage à glace sans plate-bande, ayant jusqu'à un panneau par mètre superficiel, avec battants de 0m,10 de largeur.

Bâtis et panneaux sapin :

1 parement brut.	Bâtis	0m,027	panneaux	0m,013
2 parements	—	0m,034	—	0m,018
	—	0m,041	—	0m,027
	—	0m,054	—	0m,034
	—	0m,080	—	0m,041

Bâtis chêne, panneaux sapin :

1 parement brut.	Bâtis	0m,027	panneaux	0m,013
2 parements	—	0m,034	—	0m,018
	—	0m,041	—	0m,027
	—	0m,054	—	0m,034
	—	0m,080	—	0m,041

Bâtis chêne, panneaux chêne.

1 parement brut.	Bâtis	0m,027	—	0m,013
2 parements......	—	0m,034	—	0m,018
	—	0m,041	—	0m,027
	—	0m,054	—	0m,034
	—	0m,080	—	0m,041

Lambris d'assemblage arasé sans plate-bandes.

Chaque catégorie de mêmes dimensions que le précédent.

1 parement brut.
1 — à glace.
Un 2e parement arasé.

Lambris d'assemblage à petit cadre sans plate-bandes.

Lambris d'assemblage pour les dimensions et sortes.

1 parement brut.
1 — à glace.
1 — arasé.
Un 2e parement à petit cadre.

Lambris d'assemblage à grand cadre embrevé sans

plate-bande, même condition pour les panneaux, mais avec battants de $0^m,08$ de largeur apparente.

Bâtis sapin...........	$0^m,027$	
Cadres sapin..........	$0^m,034$	profil $0^m,041$.
Panneaux sapin.......	$0^m,013$	1 parement brut.
		1 — à glace
		1 — arasé.

En même profil un 2e parement cadre $0^m,041$.

Bâtis chêne.... Cadres sapin... Panneaux sapin.	même sorte et même épaisseur de bois.
Bâtis chêne.... Cadres chêne... Panneaux chêne	— —

Les mêmes sortes et mêmes épaisseurs de bois qu'aux lambris précédents.

Les lambris d'assemblage à grand cadre embrevé sans plate-bande, mêmes conditions pour panneaux et battants, sont toujours de même sorte et mêmes épaisseurs de bois que le lambris de cette sorte porté le premier ci-dessus.

Pour plus complète explication : la sorte consiste dans le bois qui entre dans la construction savoir :

1re sorte.	2e sorte.	3e sorte.
Bâtis sapin.	Bâtis chêne.	Bâtis chêne.
Cadre sapin.	Cadres sapin.	Cadres chêne.
Panneaux sapin.	Panneaux sapin.	Panneaux sapin.

Et la 4e sorte toute en chêne.

Les plus-values sur les lambris s'appliquent à la largeur des battants et se soldent par une augmentation du prix, suivant l'épaisseur du bâtis.

A l'épaisseur des panneaux qui se soldent de même par chaque excédant de $0^m,007$ d'épaisseur.

Pour les panneaux en grisard, au lieu de sapin, le

prix du lambris subit une augmentation proportionnelle à l'épaisseur des panneaux.

Pour le lambris fait en chêne de Hollande le prix subit une augmentation de 1/4 à 1/2, suivant la perfection du travail.

Pour les panneaux en plus d'un par mètre la surface réelle est augmentée

De $0^m,12$ pour lambris arasé et à glace.

De $0^m,15$ pour lambris à petit cadre.

De $0^m,20$ pour lambris à grand cadre.

Pour les plate-bandes, chaque parement subit une augmentation de prix pour panneaux sapin.

— — — grisard.

— — — chêne.

Pour plate-bande à moulures.

Pour les panneaux par frises, les baguettes comptées séparément : en sapin ou en chêne, selon les épaisseurs de panneaux, plus-value en argent.

Plus-value pour les petites parties produisant moins de $0^m,60$, on ajoutera $0^m,01$ à la surface pour chaque $0^m,03$ en moins.

Les parties du dessous de $0^m,12$ de surface compteront pour $0^m,12$.

Plus-value de flottage d'une traverse sur les battants : ajouter $0^m,10$ à la surface réelle.

Plus-value de flottage d'un battant de lambris sur les traverses : ajouter $0^m,15$.

Pour travail cintré, en plan ou en élévation : ajouter 10/10 à la surface réelle.

Pour cintre régulier ou en anse de panier : ajouter 13/10.

A double courbure : ajouter le double des cintres suivant la nature.

Lorsqu'une partie circulaire en élévation ne produira pas $0^m,30$ de surface, il sera ajouté $0^m,20$ à la hauteur réelle pour cintre régulier, et 0m,25 pour cintre irrégulier

Les lambris biais compris assemblages et embrèvement de panneaux.

La surface des parties biaises seulement, sera comptée 5/10 en plus.

Pour ce qui est de la longueur des bois de chêne :

Lorsque des battants ou traverses dépasseront 3,75 ils seront payés 1/40 en plus par chaque 0m,25 d'excédant. Cette valeur sera également adoptée pour les bâtis à quatre parements.

PORTES COCHÈRES.

Elles doivent être détaillées suivant leur nature, les guichets et faux guichets seront comptés comme lambris du genre auquel ils appartiennent, les gros bâtis seront comptés comme bâtis à quatre parements (feuillures, moulures, rainures, comptées séparément).

Pour le montage des parties de lambris avec le gros bâtis il sera alloué sur la surface totale de la porte une plus-value par mètre superficiel.

Sur celles dont les bâtis auront			0m,08	d'épaisseur	0m,00
—	—	—	0m,11	—	0m,00

PORTES CHARRETIÈRES.

Elles seront détaillées suivant leur nature : les bâtis au mètre linéaire comme bâtis à quatre parements (feuillures, rainures, montures, comptées séparément), les panneaux au mètre superficiel.

Ouvrages au mètre linéaire.

Bois neuf brut : Barres, chevrons, fourrures, soliveaux, tringles, couvrejoints, coupés de longueur, ajustés et posés :

En sapin de $0^m,013$, $0^m,018$, $0^m,027$, $0^m,034$, $0^m,041$, $0^m,054$, $0^m,08$, $0^m,14$ d'épaisseur, sur $0^m,10$ de largeur, en comptant les $0^m,01$ en plus ou en moins de largeur, à raison de :
La même chose pour le chêne.

Suite du bois brut en linéaire. Les mêmes objets, mais assemblés en sifflet ou à entailles, avec un demi-assemblage par mètre.

En sapin même dimension que ci-dessus.
En chêne — — —

Bâtis bruts assemblés à tenons et mortaises, jusqu'à 1/2 assemblage par mètre.

En sapin même dimension que ci-dessus.
En chêne — — —

Pour les demi-assemblages, c'est la longueur des bois du bâtis qui en donnera le compte, les assemblages excédant le nombre dû seront comptés au prix de :

Bois neuf corroyé : Bandeaux, champs, plinthes, tringles à trois parements, posés, ajustés à traînées ou non, sans coupes d'onglet.

En sapin de $0^m,01$ à $0^m,11$, sur $0^m,10$ de large.
En chêne de $0^m,01$ à $0^m,11$, sur $0^m,10$ —

Les mêmes objets que ci-dessus, mais à quatre parements sans coupes d'onglet.

Sapin mêmes dimensions.
Chêne —

et toujours avec augmentation ou diminution par 001 de largeur.

Il sera ajouté au développement linéaire des articles ci-dessus :

Par coupe d'onglet simple ajustée :

En sapin $0^m,06$ à la longueur.
En chêne $0^m,04$ —

Pour faux onglet $0^m,10$ en sapin, et $0^m,06$ en chêne, les tasseaux compris chanfrein :

En sapin, le mètre linéaire.
En chêne —

Les tasseaux bruts jusqu'à $0^m,03$ sur $0^m,03$, seront payés 3/10 en moins que ceux corroyés.

Huisseries, bâtis et contrebâtis à trois parements, nervés pour les plâtres, jusqu'à un demi-centimètre par mètre linéaire.

En sapin de $0^m,013$ jusqu'à $0^m,11$ d'épaisseur sur $0^m,10$ de large.
En chêne — — —

Toujours avec augmentation, ou diminution par $0^m,01$ de largeur.

Bâtis à quatre parements et chambranles à la capucine, assemblés carré jusqu'à un assemblage par mètre linéaire.

En sapin comme aux précédents.
En chêne — —

Les assemblages en plus, les moulures, rainures feuillures, élégies et coupes d'onglet seront comptés séparément.

Bâtis de tenture à trois parements, assemblés à entailles, jusqu'à un demi-assemblage par mètre linéaire.

En sapin, mêmes dimensions.
En chêne — —

Bâtis de tenture assemblés à tenons et mortaises, demi-assemblage par mètre linéaire.

Sapin mêmes dimensions.
Chêne — —

Coulisses à deux rives dressées et rainées.

Sapin de 0m,013 à 0m,08, sur 0m,10 de large.
Chêne — — —

et le 0m,01 d'augmentation ou diminution de largeur.

Coulisses à trois parements rainées.

Sapin mêmes dimensions.
Chêne — —

Entretoises et poteaux de remplissage à un parement, nervés sur deux rives, jusqu'à un demi-assemblage par mètre linéaire.

Sapin de 0m,018 à 0m,08, sur 0m,10 de largeur.
Chêne — —

Entretoises et póteaux de remplissage à deux parements, nervés sur deux rives, jusqu'à un demi-assemblage par mètre linéaire.

Sapin mêmes dimensions.
Chêne — —

Alaises, ébrasements, frises de parquet, pilastres, avant et arrière-corps, rainés et collés sauf les frises de parquet non collées mais rainées.

Sapin depuis 0m,013 jusqu'à 0m,054, sur 0m,10 de large.
Chêne — — —

Baguettes d'angle sans coupes d'onglet, posées, clouées.

Sapin 0m,015, 0m,020, 0m,025 de diamètre.
Chêne — —

Demi-baguettes d'angle sans coupes d'onglet, posées, clouées, sapin et chêne même diamètre que ci-dessus; aux baguettes d'angle et demi-baguettes, il sera ajouté pour chaque coupe d'onglet simple :

En sapin.................... 0m,06
En chêne.................... 0m,04

Barres d'appui. — Profil olive de 0m,55 sur 0m,34.

En chêne.
En noyer.
En acajou première qualité.

Profil à gorge de 0m,059 sur 0m,041.

En chêne.
En noyer.
En acajou.

BOIS NEUF MOULURÉ.

Bordures, cimaises, corniches, moulures, figurant chambranles, ajustées, posées sans coupes d'onglet.

En sapin de 0m,013 à 0m,11, sur 0m,10 de largeur.
En chêne — — —

Cadres figurant panneaux, ajustés sans coupes d'onglet.

Sapin de 0m,013 à 0m,08, sur 0m,10 de largeur.
Chêne — — —

Les cadres et moulures ci-dessus seront augmentés de 1/10, lorsqu'ils seront posés en plafond.

Corniches volantes, composées d'une ou de plusieurs pièces, quel que soit le profil, sans coupes d'onglet, compris embrèvement et collage.

Sapin de $0^m,013$ à $0^m,11$, sur $0^m,10$ de largeur.
Chêne de — — —

Ajouter pour onglet $0^m,06$, sapin. —
— $0^m,04$, chêne. —
Pour faux onglets $0^m,10$, sapin. —
— — $0^m,06$, chêne. —

Chambranles ravalés de moulures, avec socles et rainures d'embrèvement, assemblés d'onglet à travers champs.

Sapin de $0^m,018$ à $0^m,11$, sur $0^m,10$ de largeur.
Chêne — —

Crémaillères. — En hêtre ou en chêne.

Parties élégies d'entailles de $0^m,027$.
— — de $0^m,034$.

Les parties non entaillées, comme tasseaux.

Mains courantes à double profil. — Profil olive de $0^m,055$ sur $0^m,34$ et au-dessous.

Noyer non verni.
Merisier non verni.
Acajou premier choix verni.

Pour chaque $0^m,023$ en plus, pour le noyer, merisier et acajou vernis.

Profil à gorge. — Mêmes dimensions que ci-dessus.

Plus-value sur les mains courantes :
Baguette prise dans la masse en plus du profil.
Chaque membre de moulure en sus de la gorge.
Incrustations, filets de toute espèce et façon.
Ponçage et vernissage.

Grattage à vif, ponçage et vernissage de viejlles mains courantes.

Les mains courantes seront mesurées du côté le plus long, et chaque volute comptée pour 0^{m},30 de développement en plus-value.

La fourniture des vis seule sera comptée à part.

Bois neuf employé dans les réparations.

Barres et emboîtures sans assemblages, mais rainées.

Chêne de 0^{m},027 à 0^{m},08, sur 0^{m},10 de largeur.

Battants de lambris, à petit cadre, à un parement.

Sapin de 0^{m},027 à 0^{m},054 sur 0^{m},10 de largeur.
Chêne — — —

Battants de lambris, petit cadre, aux deux parements.

Sapin de 0^{m},027 à 0^{m},54, sur 0^{m},10 de large.
Chêne — — —

Battants de croisée et pièce d'appui.

Chêne de 0^{m},027 à 0^{m},11, sur 0^{m},10 de large.

Battants gueule de loup, jets d'eau et petits bois.

Chêne 0^{m},027 à 0^{m},08, sur 0^{m},10 de largeur.

et à chaque 0^{m},01 en plus ou en moins.

Plus-value aux ouvrages en bois neuf.

Chêne de choix, dit de Hollande, compris assemblage d'onglet ou carré, passage au rabot à dents et tous collages nécessaires,

1/4 à 1/2 en sus du prix selon choix et perfection.

Poli à l'encaustique sur parties unies } argent.
— — sur parties moulurées }

Plus-value de circulaire compris tous assemblages nécessaires et de toute espèce.

Cintres réguliers, sur deux rives pour ouvrages débillardés.

Une fois en sus de la longueur réelle.

Cintres irréguliers ou anse de panier :

$^{13}/_{10}$ en sus de la longueur réelle.

Cintré sur une rive :

$^{1}/_{10}$ en sus de la longueur.

Cintres irréguliers :

$^{1}/_{13}$ en sus de la longueur réelle.

Ployé au moyen de traits de scie :

$^{1}/_{5}$ en sus de la longueur.

Cintré à double courbure :

Le double de ceux à simple courbure.

Nota. — Tous les ouvrages au mètre linéaire, étant comptés sur 0m,10 de largeur, prennent sans exception une augmentation ou diminution de longueur, en plus ou en moins.

Ouvrages en vieux bois au mètre superficiel.

Dépose de portes, croisées, châssis, persiennes, tablettes, au prix de 0fr,00.

Dépose de parquets en frises ou en feuilles, à point de Hongrie, compris dépose de lambourdes, au prix de 0fr,00.

Dépose de parquets retournés sur tous sens au prix de 0fr,00.

Dépose de portes cochères ou charretières de

0m,054 à 0m,08 d'épaisseur avec emploi de plusieurs hommes 0fr,00.

Cloisons à claire-voie pour remplissage.

Retaillées posées.........................	0fr,00
Débitées, refendues dans du vieux bois....	0 ,00

Cloisons et barrières.

Forcées espacées de 0m,04 à 0m,05 clouées..	0fr,00
Chêne 0m,00, sapin......................	0 ,00
Jointées et clouées, sapin................	0 ,00
Chêne..................................	0 ,00

Coupées de longueur et posées.

Sapin..................................	0fr,00
Chêne..................................	0 ,00

Coupées, dressées sur rive et posées.

Sapin..................................	0fr,00
Chêne..................................	0 ,00

Cloisons, tablettes, châssis, croisées, persiennes, portes et lambris.

En bois de moins de 0m,054.

Posés..................................	0fr,00
Coupés dressés, ajustés, posés.............	0 ,00
Coupés équarris des 4 faces posés..........	0 ,00

En bois de 0m,54 à 0m,08.

Posés..................................	0fr,00
Coupés, dressés, ajustés, posés............	0 ,00
Coupés équarris 4 faces posés..............	0 ,00

Les feuillures, rainures, comptées séparément et augmentées de deux dixièmes sur bois neuf.

Cloisons et tablettes bois uni, façonnées entièrement et posées.

De 0^m,013 à 0^m,54 d'épaisseur.

Brut rainé, sapin........................ 0^{fr},00
— chêne........................ 0 ,00

Le reste comme au bois neuf. Page 171.

Les emboîtures comptées comme alaises, suivant leur nature, et augmentées 1/10 comme réparations.

Dans les parties sapin emboîtées en chêne, les assemblages seront comptés en chêne avec 1/10 pour travaux en réparation.

Portes pleines ou volets emboîtés haut et bas, ou barrés et emboîtés.

Déchevillés, retaillés sur la hauteur, sapin. 0^{fr},00
chêne. 0 ,00
Déchevillés, sur la hauteur........... sapin. 0 ,00
Chêne. 0 ,00
Déchevillés de plus équarris et retaillés sur tous sens.
Sapin. 0^{fr},00
Chêne. 0 ,00

Parquets en vieux bois équarris, retaillés, rainés en bout, compris pose de lambourdes, mais non compris replanissage.

A l'anglaise, frises de 0^m,035 à 0^m,11
Sapin de 0^m,034 à 0^{fr},00
— de 0 ,034 à 0 ,00
Chêne de 0 ,027 à 0 ,00
— de 0 ,034 à 0 ,00
— de 0 ,041 à 0 ,00

Frises de 0^m,06 à 0^m,08.

Même détail que ci-dessus à point de Hongrie.

Frises de 0^m,86 à 0^m,11
Écartement de 0 ,40 à 0 ,50
Chêne de 0 ,027 à 0^{fr},00

Chêne de 0m,041 à 0fr,00
— 0 ,041 à 0 ,00
Frises de 0 ,085 à 0m,11
Écartement de 0 ,33 à 0 ,399
Chêne de 0 ,027 à 0fr,00
— 0 ,034 à 0 ,00
— 0 ,041 à 0 ,00

Frises de 0m,06 à 4m,08
Écartement de 0 ,40 à 0 ,50
Chêne de 0 ,027 à 0fr,00
— 0, 034 à 0 ,00
— 0 ,041 à 0 ,00
Écartement de 0m,033 à 0m,399
Chêne de 0 ,027 à 0fr,00
— 0 ,034 à 0 ,00
— 0 ,041 à 0 ,00

Retourné sur tout sens.

Frises de 0m,085 à 0m,11
Écartement mesure de milieu
en milieu de 0 ,45 à 0 ,50
Chêne de 0 ,027 à 0fr,00
— 0 ,034 à 0 ,00
Écartement de 0m,40 à 0m,449
— 0 ,35 à 0 ,399
— 0 ,30 à 0 ,349

En feuilles ajustés et reposés.............. 0fr,00
Équarris rainés, ajustés, reposés.......... 0 ,00
Déchevillés, retaillés d'assemblages, équarris et reposés......................... 0 ,00

Plus-value pour les parquets débités dans du vieux bois.

En sapin.................................. 0fr,00
En chêne.......................... 0m,27 0 ,00
— .... 0 ,31 0 ,00

Replanissage de parquets vieux à l'anglaise.

A point de Hongrie, déposés ou non........ 0fr,00
En feuille, ou retournés sur tous sens...... 0 ,00

Châssis vitrés.

A glace, déchevillés, rechevillés............	0fr,00
Retaillés en hauteur, ajustés, posés.........	0 ,00
Retaillés en largeur.......................	0 ,00
— hauteur et largeur................	0 ,00

A petits montants. Même détail que ci-dessus.

Croisées avec dormants.

Déchevillées et rechevillées..................	0fr,00
— retaillées sur la haut., ajustées, posées.	0 ,00
— — — et largeur.............	0, 00
— — — avec changement de compartiments de petits bois.............	0 ,00

Persiennes.

Déchevillées, rechevillées.................	0fr,00
— retaillées sur la haut., ajustées, posées......................	8 ,00
— — sur la largeur. —	0 ,00
— — sur la hauteur et largeur.	0 ,00

Jalousies.

Déposées..................................	0fr,00
— et reposées......................	0 ,00
Démontées, remontées, les cordes vieilles et reposées............................	0 ,00
Déposées, démontées, remontées, les chaînettes et cordes vieilles lavées et reposées.	0 ,00
Avec fournitures de cordes en chaînettes, ou rubans croisés, dits tirants de bottes, lavées et reposées...........................	0 ,00

Lambris et portes d'assemblage à panneaux déchevillés, rechevillés et reposés.

Faces d'armoire et parquets de glaces.
Panneaux jusqu'à 0m,041 d'épaisseur.

Retaillés en hauteur ou largeur............	0fr,00
— hauteur et largeur............	0 ,00

Portes à petit cadre.

Retaillées en hauteur ou largeur...........	0fr,00
— — et largeur............	0 ,00

Portes à grand cadre.

Retaillées en hauteur ou largeur...........	0fr,00

Panneaux jusqu'à 0m,041 d'épaisseur.

Retaillés en hauteur et largeur.............	0fr,00

Les lambris ayant 0m,054 et 0m,08 d'épaisseur seront payés 3/10 en sus des prix ci-dessus.

Aux lambris et autres en chêne poli, il sera ajouté 1/3 en plus.

Ouvrages en vieux bois, au mètre linéaire.

Dépose avec ou sans échelle, transport dans l'établissement et rangement.

De plinthes, bandeaux, cimaises, moulures, coulisses et entretoises................	0fr,00
De corniches volantes à l'échelle............	0 ,00
De bâtis, huisserie et chambranles déchevillés et reposés.........................	0 ,00
Lorsque ces articles n'auront pas été déchevillés ils ne seront payés que............	0 ,00

Tasseaux.

Reposés seulement........................	0fr,00
Retaillés, posés..........................	0 ,00
Façonnés entièrement.....................	0 ,00

Barres, chevrons, fourrures, soliveaux, tringles, en bois brut.

De 0m,027 à 0m,041 d'épaisseur jusqu'à 0m,12 de largeur :

Reposés................................	0fr,00
Retaillés, reposés.......................	0 ,00

Débités à la scie :

En sapin............................	$0^{fr},00$
En chêne............................	0 ,00

Les assemblages comptés séparément.

Coulisses, barres et entretoises corroyées. Jusqu'à $0^{m},041$ d'épaisseur sur $0^{m},08$ à $0^{m},12$ de largeur.

Reposées............................	$0^{fr},00$
Retaillées, reposées............................	0 ,00
Façonnées entièrement.	
En sapin............................	$0^{fr},00$
En chêne............................	0 ,00

Plinthes, champs, tringles, battements, avant et arrière-corps, et bâtis de tenture.

De $0^{m},013$ à $0^{m},027$ d'épaisseur sur $0^{m},08$ à $0^{m},12$ de largeur.

Reposé : sapin............................	$0^{fr},00$
— chêne............................	0 ,00
Façonnés entièrement.	
En sapin............................	$0^{fr},00$
En chêne............................	0 ,00
Plus-value pour coupe d'onglet simple, sur parties retaillées............................	0 ,25
Sur parties façonnées entièrement..........	0 ,10
Pour faux onglet............................	0 ,00
Parties retaillées............................	0 ,35
— façonnées entièrement............	0 ,14

Bâtis et portes d'armoires.

De $0^{m},027$ à $0^{m},042$ d'épaisseur sur $0^{m},08$ à $0^{m},12$ de largeur.

Reposés en sapin............................	$0^{fr},00$
— en chêne............................	0 ,00
Façonnés entièrement.	
Sapin............................	0 ,00
Chêne............................	0 ,00

Huisseries et bâtis.

De $0^{m},054$ à $0^{m},11$ d'épaisseur, sur $0^{m},11$ à $0^{m},112$ de largeur.

Reposés : sapin	$0^{fr},00$
— chêne	0 ,00

Façonnés entièrement.

Sapin	$0^{fr},00$
Chêne	0 ,00

Poteaux de remplissage.

Ajustés et posés : sapin	$0^{fr},00$
— chêne	0 ,00
Façonnés entièrement : sapin	0 ,00
— chêne	0 ,00

Les assemblages seront comptés 2/10 en plus que ceux en bois neuf.

Moulures, bordures, cimaises, corniches ordinaires sans coupes d'onglet.

Reposés en sapin	$0^{fr},00$
— en chêne	0 ,00

Cadres pour figurer panneaux, sans coupes d'onglet.

Reposés : sapin	$0^{fr},00$
— chêne	0 ,00

Dans les moulures, bordures, cimaises, corniches, cadres, pour chaque coupe d'onglet simple, il sera ajouté à la longueur réelle :

Pour celles d'onglet	$0^{fr},00$
— faux onglet	0 ,00

Chambranles ravalés.

Reposés : sapin	$0^{fr},00$
— chêne	0 ,00

Les assemblages seront payés 2/10 en plus de ceux sur bois neuf.

Corniches volantes.

Reposées : sapin	0fr,00
— chêne	0 ,00

Pour chaque coupe simple, il sera ajouté à la longueur réelle :

Pour celles d'onglet	0m,30
— faux onglet	0 ,40

Alaises.

Posées : sapin	0fr,00
— chêne	0 ,00
Façonnées entièrement : sapin	0 ,00
— — chêne	0 ,00

Emboîtures.

Reposées, rechevillées	0fr,00
Façonnées entièrement	0 ,00
Les assemblages comptés séparément	0 ,00

Poli sur vieux bois.

Tous les ouvrages en vieux bois, au mètre linéaire, exécutés avec la dernière perfection, chêne de choix poli, seront payés 1/3 en plus.

Ouvrages divers à la pièce.

Arrêt de feuillure, moulures, élégies, languettes et chanfreins :

Suivant la nature de l'ouvrage, chaque arrêt sera compté pour 1 mètre linéaire.

Sur moulure : pour 2m,00.

Profil d'arrêt en plus des arrêts ci-dessus : de chanfrein, de congé en biseau ou à gorge, sur sapin ou chêne	0 ,00
De chanfrein avec carré et gorge	0 ,00
De congé avec carré et cuillère de cannelure, en cuillère et en pente	0 ,00

Arrondissement d'angles de tablettes.

En sapin	de 0m,07 à 0m,09	de rayon	0fr,00
—	de 0 ,10 à 0 ,14	—	0 ,00
—	de 0 ,15 à 0 ,20	—	0 ,00
En chêne	de 0 ,07 à 0 ,09	—	0 ,00
—	de 0 ,10 à 0 ,14	—	0 ,00
—	de 0 ,15 à 0 ,20	—	0 ,00

Assemblage carré à tenon et mortaise, ou à queue.

En sapin de	0m,027	d'épaisseur	0fr,00
—	0 ,034	—	0 ,00
—	0 ,041	—	0 ,00
—	0 ,054	—	0 ,00
—	0 ,08	—	0 ,00
—	0 ,11	—	0 ,00
En chêne de	0 ,027	—	0 ,00
—	0 ,034	—	0 ,00
—	0 ,041	—	0 ,00
—	0 ,054	—	0 ,00
—	0 ,08	—	0 ,00
—	0 ,11	—	0 ,00

Les assemblages faits sur le tas 3/10 en plus, les assemblages à entaille 1/2 des dits.

Plus-value sur les assemblages carrés à tenon et mortaise.

Ceux biais, relevés sur plan, et d'onglet à travers champs, seront payés 4/10 en plus.

Faux onglet à travers champs, 8/10 en plus.

Avec onglets jusqu'à la moulure, 5/10 en plus.

A trait de Jupiter, 3 fois le prix des assemblages carrés.

Les assemblages à queues ne traversant pas le bois seront payés 5/10 en plus.

Les mortaises seules vaudront les 2/3 du prix des assemblages.

Calibre en hêtre.

Le centimètre de profil.................. 0fr,00

Ils sont ordinairement au compte des maçons et ne sont accordés qu'accidentellement.

Clé en chêne rapportée.

Incrustée dans le sapin :
Jusqu'à 0m,041 d'épaisseur................ 0fr,00
De 0m,054 à 0m,08 — .... 0 ,00
De 0 ,08 à 0 ,11 — .... 0 ,00
Incrustée dans le chêne :
Jusqu'à 0m,041 d'épaisseur................ 0fr,00
De 0m,054 à 0m,08 — .... 0 ,00
De 0 ,08 à 0 ,11 — .... 0 ,00

Clous à bateau.

Pose de clous à bateau sur huisserie, bâtis, et contrebâtis, le mètre linéaire......... 0fr,00

Coupe refouillée. Pour développement de plinthes et cimaises.

Jusqu'à 0m,055 d'épaisseur................ 0fr,00
— 0 ,06 à 0m,11 .... 0 ,00
— 0 ,12 à 0 ,16 .... 0 ,00
— 0 ,17 à 0 ,23 .... 0 ,00

Coupe biaise.

En sapin de 0m,027 d'épaisseur............ 0fr,00
— 0 ,034 — .... 0 ,00
— 0 ,041 — .... 0 ,00
— 0 ,054 — .... 0 ,00
— 0 ,08 — .... 0 ,00
— 0 ,027 — .... 0 ,00

En chêne de $0^m,034$ d'épaisseur............ $0^{fr},00$
— 0 ,041 — .... 0 ,00
— 0 ,054 — .... 0 ,00
— 0 ,08 — .... 0 ,00

Les coupes circulaires, le double de ci-dessus.

Coupement au mètre linéaire.

A la scie à main........................ $0^{fr},00$
Au ciseau.............................. 0 ,00
De poteaux de remplissage, huisserie, coulisses et entretoises, à la pièce........... 0 ,00
De solives, poteaux et sablières de charpente. 0 ,00
De chevêtres et marches................. 0 ,00
De solives d'enchevêtrure et panneaux..... 0 ,00

Denticule à la pièce; rapportée, bien dressée, collée, clouée.

En sapin.................... $0^{fr},00$
En chêne.................... 0 ,00

Entaillé dans la masse et refouillé au ciseau.

Sans carré au fond :
En sapin.................... $0^{fr},00$
En chêne.................... 0 ,00
Avec carré au fond :
En sapin.................... $0^{fr},00$
En chêne.................... 0 ,00
A langue de chat :
En sapin.................... $0^{fr},00$
En chêne.................... 0 ,00

Dessus de siège à la pièce.

Ordinaire, compris barres clouées et tasseaux de support, tampon avec bouton, arrondissement de rives, et rainure pour le soubassement.

De $1^m,20$ à l'équerre :
En chêne de $0^m,027$ d'épaisseur........... $0^{fr},00$
— 0 ,034 — .... 0 ,00
— 0 ,041 — .... 0 ,00

Plus-value pour abattant emboîté à l'anglaise	0fr,00
— — à petit cadre d'onglet	0 ,00
— pour 0m,20 en plus à l'équerre :	
en chêne de 0m,027	0 ,00
— 0, 034	0 ,00
— 0 ,041	0 ,00
A l'anglaise, à double épaisseur, emboîté d'onglet de 1m,20 à l'équerre	0 ,00
Pour 0m,20 en plus à l'équerre	0 ,00

Les soubassements et plinthes, comptés comme ouvrage, suivant leur nature d'exécution.

Entaille au mètre linéaire.

A la scie	0fr,00
Au ciseau	0 ,00

Entaille, à bois de travers à la pièce. Au ciseau, pour compartiments de casiers, etc.

En sapin non arrêtées jusqu'à 0m,20	0fr,00
— arrêtées d'un bout	0 ,00
— — des deux bouts	0 ,00
Chaque 0m,05 en plus le mètre linéaire	0 ,00
En sapin alaisé, en chêne, non arrêtées, jusqu'à 0m,20.	0 ,00
— arrêtées d'un bout	0 ,00
— — des deux bouts	0 ,00
En chêne non arrêtées jusqu'à 0m,20	0 ,00
— arrêtées d'un bout	0 ,00
— arrêtées des deux bouts	0 ,00
Chaque 0m,05, en plus le mètre linéaire	0 ,00

Feuillure, rainure, moulure, arrondi, nervure, au mètre linéaire.

En sapin jusqu'à 0m,03 de large	0fr,00
Pour chaque 0m,01 en plus	0 ,00
En chêne jusqu'à 0m,03 de large	0 ,00
Pour chaque 0m,01 en plus	0 ,00

Pour celles poussées à bois de travers : le triple du prix ci-dessus.

Chaque membre de moulure sera compté comme une feuillure.

Les légers arrondissements de rives, les mises d'épaisseur, jusqu'à 0m,03 de largeur, et les chanfreins sur barres, seront payés moitié des prix ci-dessus.

Les feuillures au pourtour des lambris, et celles à travers bois aux bouts des battants et traverses, ne donneront lieu à aucune plus-value.

Gorge d'écoulement à la pièce.

A double pente	faite sur place dans les pièces d'appui de vieilles croisées avec percement de trous.	0fr,00
—	en travaux neufs..........	0 ,00

Gousset plein chantourné (à la pièce).

Petit de 0m,15 à 0m,25	sapin.............	0fr,00
—	chêne.............	0 ,00
Moyen de 0m,26 à 0m,35	sapin.............	0 ,00
—	chêne.............	0 ,00
Grand de 0m,35 à 0m,48	sapin.............	0 ,00
—	chêne.............	0 ,00

Hachement et feuillure bruts sur le tas, au mètre linéaire.

0m,05 de largeur		sapin...................	0fr,00
	—	chêne...................	0 ,00
0 ,08	—	sapin...................	0 ,00
	—	chêne...................	0 ,00
0, 11	—	sapin...................	0 ,00
	—	chêne...................	0 ,00
0, 16	—	sapin...................	0 ,00
	—	chêne...................	0 ,00

Hachement dressé au ciseau et au rabot (mètre linéaire).

0m,05 de largeur sapin.
— — chêne.

0^{m},08 de largeur sapin.
0 ,08 — chêne.
0 ,11 — sapin.
— — chêne.
0 ,15 — sapin.
— — chêne.

Jeux donnés, les objets démontés et remontés (à la pièce).

A une porte d'armoire 1 vantail............ 0^{fr},00
— — 2 vantaux........... 0 ,00
— ordinaire 1 vantail........... 0 ,00
— — 2 vantaux.......... 0 ,00
A une croisée — 1 vantail............ 0 ,00
— — 2 vantaux.......... 0 ,00

Lames en réparation (à la pièce).

De persienne de 0^{m},08 de largeur sapin.... 0^{fr},00
— — — chêne.... 0 ,00
De jalousie de 1^{m},00 à 1^{m},30 sapin......... 0 ,00
— — — chêne......... 0 ,00

Marouflage (au mètre superficiel).

En fils et nerfs de bœuf à la colle forte..... 0^{fr},00

Panneau de parquet en réparation (à la pièce).

En chêne posé et scellé entier............. 0^{fr},00
— — moitié.............. 0 ,00

Pattes (à la pièce).

Pose de pattes à vis pour chambranles, bâtis et contrebâtis.......................... 0^{fr},00

Percement de jour dressé au ciseau et à la lime (à la pièce).

En sapin carré........................... 0^{fr},00
— rond ou ovale.................... 0 ,00
En chêne carré........................... 0 ,00
— rond ou ovale.................... 0 ,00

Pièce rapportée (à la pièce).

A l'emplacement d'une fiche ou d'une charnière 0fr,00
— d'un petit bois et profilée... 0 ,00
— d'une serrure ou d'une paumelle ayant au moins 0m,10. 0fr,00

Planche à bouteille (le cent de trous).

Pour fourniture tampon et pose.......... 0fr,00

Poulie de jalousie (à la pièce).

En réparation avec aile en fer............ 0fr,00

Potence ou support d'assemblage compris pose (à la pièce).

En chêne de	0m,027	d'épaisseur...........	0fr,00
—	0 ,034	—	0 ,00
—	0 ,041	—	0 ,00
—	0 ,054	—	0 ,00

Les potences en bois de hêtre seront payées 1/10 en moins que celles en chêne.

Replanissage (à la pièce) de marches d'escalier, travaux neufs.

Jusqu'à 1m,00............................ 0fr,00
De 1m,00 à 1m,50.......................... 0 ,00

Rosette de porte-manteau (à la pièce).

En hêtre, tête en bois blanc................ 0fr,00
En chêne, — en chêne.................. 0 ,00

Roulon de ratelier d'écurie (à la pièce).

De 0m,04 de diamètre et 0m,66 à 0m,75 de long. 0fr,00

Sabot cintré (à la pièce).

Pour plinthes en sapin.................... 0fr,00
— en chêne.................. 0 ,00

Socles (à la pièce).

De moulures de 0m,027 jusqu'à 0m,07 de large.
En sapin.................... 0fr,00
En chêne.................... 0 ,00
De moulures de 0m,027 et 0m,70 jusqu'à 0m,11 de large.
En sapin..................... 0fr,00
En chêne.................... 0, 00
De moulures de 0m,034 à 0m,041 d'épaisseur, jusqu'à 0m,08 de largeur.
En sapin.......................... 0fr,00
En chêne.......................... 0 ,00
De 0m,034 à 0m,041 d'épaisseur et de 0m,08 à 0m, 11 de large.
En sapin.......................... 0fr,00
En chêne.......................... 0 ,00

Socle de marche (à la pièce).

A crémaillère, compris entailles profilées, pour nez des marches.

Jusqu'à 0m,50 de longueur.
En sapin de 0m,013 d'épaisseur........... 0fr,00
— de 0 ,018 — .... 0 ,00
— de 0 ,027 — .... 0 ,00
En chêne de 0 ,013 — .... 0 ,00
— de 0 ,018 — .... 0 ,00
— de 0 ,027 — .... 0 ,00
De 0m,51 à 0m,70 de de longueur.
En sapin de 1m,013 d'épaisseur........... 0fr,00
— 0 ,018 — .... 0 ,00
— 0 ,027 — .... 0 ,00
En chêne de 0 ,013 — .... 0 ,00
— de 0 ,018 — .... 0 ,00
— de 0 ,027 — .... 0 ,00
De 0m,71 à 0m,90 de longueur.
En sapin de 0m,013 d'épaisseur........... 0fr,00
— de 0 ,018 — .... 0 ,00
— de 0 ,027 — .... 0 ,00
En chêne de 0 ,013 — .... 0 ,00
— de 0 ,018 — .... 0 ,00
— de 0 ,027 — .... 0 ,00

De 0^{m},91 de à 1^{m},10 longueur.
En sapin de 0 ,013 d'épaisseur............ 0^{fr},00
— 0 ,018 — .... 0 ,00
0 ,027 — .... 0 ,00

Les mêmes rampants avec coupes biaises, et fausses coupes au nez des marches, entaillés suivant le profil de la marche.

Jusqu'à 0^{m},50 de longueur.
En sapin de 0^{m},013 d'épaisseur............ 0^{fr},00
— de 0 ,018 — .... 0 ,00
— de 0 ,027 — .... 0 .00
En chêne de 0 ,013 — .... 0 ,00
— de 0 ,018 — .... 0 ,00
— de 0 ,027 — .... 0 ,00
De 0^{m},51 à 0^{m},70 de de longueur.
En sapin de 0^{m},013 d'épaisseur............ 0^{fr},00
— de 0 ,018 — .... 0 ,00
— de 0 ,027 — .... 0 ,00
En chêne de 0 ,013 — .... 0 ,00
— de 0 ,018 — .... 0 ,00
— de 0 ,027 — .... 0 ,00
De 0^{m},71 à 0^{m},90 de longueur.
En sapin de 0^{m},013 d'épaisseur............ 0^{fr},00
— de 0 ,018 — .... 0 ,00
En chêne de 0 ,013 — .... 0 ,00
— de 0 ,018 — .... 0 ,00
— de 0 ,027 — .... 0 ,00
De 0^{m},91 à 1^{m},10 de longueur.
En sapin de 0^{m},013 d'épaisseur............ 0^{fr},00
— de 0 ,018 — .... 0 ,00
— de 0 ,027 — .... 0 ,00
En chêne de 0 ,013 — .... 0 ,00
— de 0 ,018 — .... 0 ,00
— de 0 ,027 — .... 0 ,00

Tablette d'encoignure (à la pièce), compris tasseaux de 0^{m},15 à 0^{m},20 de rayon.

En sapin..................... 0^{fr},00
En chêne..................... 0 ,00

Taquet de lampion d'illumination...... 0^{fr},20.

Tiroir, tête de 0m,027, côtés de 0m,013, assemblé à queues, fond de 0m,027 embrevé (à la pièce).

De 0m,08 de hauteur,			
De 0m,32 à l'équerre,		chêne et sapin........	0fr,00
—	—	tout chêne............	0 ,00
De 0 ,65	—	chêne et sapin........	0 ,00
—	—	tout chêne............	0 ,00
De 1 ,00	—	chêne et sapin........	0 ,00
—	—	tout chêne............	0 ,00
De 1 ,30	—	chêne et sapin........	0 ,00
—	—	tout chêne	0 ,00
De 0m,11 de hauteur.			
De 0m,32 à l'équerre,		chêne et sapin........	0 ,00
—	—	tout chêne............	0 ,00
De 0 ,65	—	chêne et sapin........	0 ,00
—	—	tout chêne............	0 ,00
De 1 ,00		chêne et sapin........	0 ,00
—	—	tout chêne............	0 ,00
De 1 ,30	—	chêne et sapin........	0 ,00
—		tout chêne............	0 ,00

Aux tiroirs chêne et sapin, la tête seule est en chêne.

Aux tiroirs dont les côtés et le derrière sont en chêne ajouter 2/10 aux prix ci-dessus.

Entailles dans les traverses de ceinture de table pour recevoir les tiroirs, au mètre linéaire et chaque angle 0m,20 en plus..............	en 0m,027 d'épais.	0fr,00
	en 0 ,034 —	0 ,00
	en 0 ,041 —	0 ,00

Tous les prix de règlement ci-dessus s'appliquent à des travaux qui auront employé au moins la journée d'un ouvrier.

Dans le cas contraire il sera tenu compte d'une heure de travail en plus du prix de règlement, sauf le cas où le travail aura été compté en temps comprenant celui du dérangement.

Le prix des journées pour menuisier 0fr,00.

Le prix des journées pour parqueteur 0fr,00.

Pour les travaux de nuit, les travaux seront payés le double.

Pour les travaux faits à la lumière, il ne sera tenu compte que de l'éclairage.

Le travail est fixé à 10 heures par jour, été comme hiver.

Voulant faciliter aux personnes qui voudraient s'établir entrepreneurs de menuiserie le moyen de reconnaître la nature des travaux exécutés, leur classification et la manière d'en dresser le mémoire, nous avons établi la nomenclature qui précède, de façon à ce que l'on puisse reconnaître de suite comment un travail doit être classé, et surtout ce qu'il doit être estimé.

Le prix des différents travaux ne se trouve pas indiqué, par la raison toute simple que les tarifs changent à peu près tous les ans, et que les prix que nous aurions portés ne seraient sans doute pas les mêmes que ceux des exercices suivants.

D'un autre côté, les prix du tarif de Paris ne sont pas les mêmes que ceux de la province, et l'on sera naturellement obligé d'appliquer aux travaux les prix en usage, aux lieux où ils auront été exécutés.

C'est donc avec des guillemets que nous avons suppléé aux chiffres indiquant des prix ; la personne que cela concernera devra se pourvoir d'un tarif *ad hoc* pour se renseigner exactement.

Les mémoires d'entrepreneurs se font assez ordinairement avec la surcharge d'un quart en sus des prix dus par le propriétaire pour le compte duquel les travaux ont été exécutés, c'est donc le cinquième à rabattre ; c'est un usage adopté à Paris, et auquel on est habitué.

Nous donnons ci-après un aperçu de mémoire de travaux exécutés dans un petit appartement.

Nous supposons qu'un petit appartement composé d'une antichambre, cuisine, salle à manger, salon, chambre à coucher, cabinet de toilette et cabinet d'aisance, a été mis à neuf, et nous donnons le détail des travaux de menuiserie qui ont été exécutés, en même temps que la façon dont le mémoire doit être établi :

MÉMOIRE *des travaux de menuiserie exécutés pour le compte de M. en son appartement du 2e étage de la maison sise à Paris, rue n°*

Sous les ordres de M. architecte
Par entrepreneur
rue n°

SAVOIR :

Exercice 18...

Antichambre.	
Fourni la porte d'entrée. Lambris à petit cadre aux 2 parements, la dite en bâtis chêne $0^m,034$. Panneaux sapin de $0^m,018$ et $2^m,05$ de hauteur sur $0^m,80$ de large. Produit............... $1^m,64$	Lambris petit cadre, 2 pts. Bâtis chêne $0^m,034$, panneaux sapin $0^m,018$.
Plus-value sur 3 panneaux à $0^m,015 \times 1^m,36$............... $0^m,20$	
ENSEMBLE... $1^m,84$	$1^m,84$
Fourni une croisée chêne, ouvrant à gueule de loup, avec jet d'eau et pièce d'appui, dormant $0^m,054$. Châssis $0^m,034$ de........... $2^m,00 \times 1^m,10 = 2^m,20$	Croisée chêne dormant $0^m,054$. Châssis $0^m,034$.
Plus-value de deux traverses de petits bois à.......... $0^m,07 = 0^m,14$	
ENSEMBLE... $2^m,34$	$2^m,34$
Fourni la porte, ouvrant sur la cuisine, pleine en sapin de $0^m,027$ emboîté, rainé et collé de.... $2^m,00 \times 0^m,75 = 1^m,50$	Sapin $0^m,27$, rainé, collé emboîté. 2 pts. $1^m,50$
Fourni deux emboîtures chêne $0^m,027$ de chaque..... $0^m,75 = 1^m,50$	Alaise chêne, $0^m,27 \times 0^m,07$. $1^m,50$
Languette sur sapin à bois de travers 6 fois $0^m,75$.................. $= 4^m50$	Languette sur sapin. $4^m,50$
Fourni $10^m,95$ stylobate sapin $0^m,18$ et de $0^m,23$ de large. 3 parements.	Stylobate sapin 0^m018 de $0^m,023$. 3 pts. $10^m,95$

Fourni le chambranle de la porte d'entrée en moulures sapin $0^{m},018$ et $0^{m},05$ de large, 2 montants et $2^{m},10$ = $4^{m},20$	Moulures sapin $0^{m},081$ et $0^{m},05$ pour chambranle.
1 traverse.................... $0^{m},90$	
ENSEMBLE... $5^{m},10$	$5^{m},10$
2 socles de chambranle, sapin de $0^{m},027$ et $0^{m},08$ à........... $0^{fr},00$	Argent. $0^{fr},00$
Fourni $7^{m},50$ baguette d'angle sapin de $0^{m},020$ à............... $0^{fr},00$	$0^{fr},00$

Cuisine.

Fourni la croisée chêne ouvrant à gueule de loup, avec jet d'eau et pièce d'appui...........................	Croisée idem.
Idem à celle de l'antichambre.. $2^{m},34$	$2^{m},34$
Fourni une barre à casseroles. Sapin $0^{m},027$ de $0^{m},10$ de large $2^{m},20$ à $0^{fr},00$	Argent. $0^{fr},00$
Le dosseret au dessous, sapin. $0^{m},18$	Sapin $0^{m},18$, 1 p^{t} rainé, collé.
Rainé, collé, 1 par^{t}. $0^{m},50 \times 2^{m},20$ $1^{fr},10$	$1^{fr},10$
2 tablettes, chaque, $1^{m},40$ sapin, $0^{m},027$ et $0^{m},32$ de large, 2 parements dressés produisent ensemble............ $0^{m},90$	Sapin $0^{m},027$, 2 p^{ts}. Dressé, rainé, collé. $0^{m},90$
4 potences chêne $0^{m},034$ à..... $0^{fr},00$	Argent. $0^{fr},00$
Stylobate sapin $0^{m},018$ et $0^{m},23$	Stylobate sapin $0^{m},018$ et $0^{m},23$.
ENSEMBLE... $10^{m},95$	$10^{m},95$
Fourni la porte ouvrant sur le cabinet d'aisances. Sapin $0^{m},027$, rainé, collé, emboité, 2 par^{ts} de $1^{m},90 \times 0^{m},70$ = $1^{m},33$	Sapin $0^{m},027$. Rainé, collé, emboité, 2 p^{ts}. $1^{m},33$
Les languettes d'emboiture à 3 fois pour bois de travers $4^{m},20$ à $0^{fr},00$	Argent. $0^{fr},00$

Cabinet d'aisances.

Fourni un dessus de siège à l'anglaise, double épaisseur, emboîté d'onglet de $0^{m},041$ et $1^{m},30 \times 0,55$ à l'équerre. $1^{m},85$	
Pour $1^{m},20$ à l'équerre........ $0^{fr},00$	

En plus p. 65 à 0fr,00 p. 0m,20. 0fr,00	
0 ,00	
1 abattant emboîté à l'anglaise. 0 ,00	Argent.
0 ,00	0fr,00
Le soubassement chêne 0m,041, 1 par^t rainé, collé de 1m,30 × 0m,60 = 0m,78	Chêne 0m,041, p^t rainé, collé. 0m,78
La plinthe du dessus chêne 0m,013 et 0m,10 de large, 3 parements. 2m,43 à 0fr,00	Argent. 0fr,00
Les stylobates sapin 0m,018 et 0m,23 1 parement.......... 5m,66 à 0fr,00	0 ,00
Fourni le châssis éclairant le cabinet, ledit ravalé de moulures, et vitré de quatre verres ; en chêne de 0m,034 et de .... 1m,20 × 0m,70 = 0m,84	Châssis chêne 0m,034 à quatre carreaux.
Plus-value de carreaux........ 0m,32	
Ensemble... 1m,16	1m,16

Salle à manger.

Fourni la porte venant de l'antichambre, bâtis chêne 0m,034 panneaux sapin de 0m,034. Lambris d'assemblage arasé aux deux parements, à 0m,80.... 1m,60	Lambris d'assembl. arasé 2 p^{ts} chêne et sapin 0m,034. 1m,60
Plus-value pour épaisseur de panneaux sur 0m,016........... 0fr,00	Argent. 0fr,00
La croisée, comme celles des pièces précédentes................	Croisée idem. 2m,34
La corniche volante en sapin de 0m,041 sur 0m,21 et de........ 15m,60	Corniche volante sapin 0m,041 et 0m,21. 15m,60
Les cimaises chêne moulure à 3 corps de 0m,27 et 0m,08..14m,80 0fr,00	Argent. 0fr,00
Les plinthes sapin 0m,018 sur 0m,11 à 3 parements............ 14m,80 à 0fr,00	0fr,00
2 refouillements de plinthes à 0fr,00........................ 0fr,00	
2 refouillements de cimaises à 0fr,00........................ 0fr,00	
0fr,00	0fr,00
1 placard d'armoire à deux vantaux. Bâtis sapin 0m,041 sur 0m,10. 3 parements.	Bâtis sapin 0m,041 sur 0m,10 3 parements.
2 montants ch. 2m,90 = 5m,80 / 2 traverses ch. 1m,40 = 2m,80 } 8m,60	8m,60

Les portes, lambris sapin de 0^{m},034, arasé et à glace, ensemble 2^{m},90 × 1^{m},30.................... = 3^{m},77	Lambris sapin 0^{m},034, arasé et à glace, panneaux 0^{m},018. 3^{m},77
Contrefeuillures sapin. 16^{m},80 à 0^{fr},00	Argent. 0^{fr},00

Chambre à coucher.

La porte venant de la salle à manger.	Lambris arasé 0^{m},034, 2 p^{ts} Bâtis chêne pann. sapin.
Idem à celle de l'antichambre.	1^{m},60
La croisée idem à celles des pièces précédentes....................	Croisée idem. 2^{m},34
La corniche volante idem à celle de la salle à manger................ 13^{m},60	Corniche volante, sapin 0^{m},041 et 0^{m},21. 13^{m},60
Les stylobates sapin 0^{m},018,3 parements et 0^{m},23 de.......... 12^{m},80 à 0^{fr},00	Argent. 0^{fr},00
Les placards de chaque côté du coffre de cheminée..................	
Les bâtis sapin 0^{m},41 × 0^{m},12, 3 parements........................	Bâtis sapin, 3 p^{ts}, 0^{m},041 × 0^{m},12.
4 montants ch. 2^{m},95 11^{m},80 } 13^{m},76 2 traverses ch. 0^{m},98, 1^{m},96 }	13^{m},76
Les portes lambris sapin arasé et à glace, bâtis 0^{m},027. Panneaux 0^{m},018 ch. 2^{m},70 × 0^{m},76 produisent ensemble 8^{m},21	Lambris sap. Bâtis 0^{m},027, panneaux 0^{m},018, arasé et à glace. 8^{m},21
Dans chaque armoire 5 tablettes et 1 fond, en tout 24. Sapin 0^{m},027 × et 0^{m},42 de large × 0^{m},98. 2 parements rainé, collé.................... 9^{m},88	Sapin 0^{m},027, 2 parements. Rainé, collé. 9^{m},88
Les contrefeuillures sapin de 13^{m},84...................... à 0^{fr},00	Argent. 0^{fr},00
8^{m},00 baguette d'angle sapin de 0^{m},020................ à 0^{fr},00 0^{fr},00	Argent. 0^{fr},00
Une paire persienne bâtis chêne 0^{m},34 lames sapin 2^{m},65 × 2^{m},18.....	Persienne. Bâtis chêne, 0^{m},34. Lames sapin.
5 barres d'appui chêne...... 0^{m},41	
Profil à gorge chaque 2^{m},00 10^{m},00...................... à 0^{fr},00	Argent. 0^{fr},00

Et ainsi de suite pour les autres pièces, en ayant soin de faire sortir, en argent, les articles de peu d'importance.

Lorsque le mémoire est terminé et que les timbres sont bien disposés, on en fait le relevé au moyen d'un extrait divisé en colonnes, portant en tête autant de titres que le mémoire comporte de natures de travaux. Et sous chaque titre, on porte les produits partiels qui lui sont afférents, puis on additionne chaque colonne, et le total de chaque article est porté au résumé du mémoire.

L'extrait ne doit pas être attaché au mémoire, c'est un relevé qui n'a d'importance que pour celui qui le fait.

Voici comment le résumé d'un mémoire se dresse afin d'en tirer le total.

RÉSUMÉ

EN SUPERFICIEL.

1^{m},10	Sapin 0^{m},018. Un parement rainé collé, à 0^{fr},00	0^{fr},00
13 ,61	— 0 ,027. Deux parements rainé collé, à 0 ,00	0 ,00
0 ,78	Chêne 0 ,041. Un parement — — à 0 ,00	0 ,00
1 ,16	Châssis vitré chêne 0^{m},034 à 0^{fr},00..........	0 ,00
9 ,35	Croisée chêne dormant 0^{m},055 châssis 0^{m},034 à 0^{fr},00..................................	0 ,00
8 ,21	Lambris sapin 0^{m},027. Panneaux 0^{m},018, arasé	0 ,00
	et à glace à 0^{fr},00......................	0 ,00
3 ,77	Lambris sapin 0^{m},034. Panneaux 0^{m},018, arasé et à glace à 0^{fr},00............................	0 ,00
3 ,20	Lambris, bâtis chêne 0^{m},034. Panneaux sapin 0^{m},034 arasé à glace à 0^{fr},00..............	0 ,00
1 ,84	Lambris à petit cadre aux deux parements, bâtis chêne 0^{m},034, et les panneaux sapin 0^{m},18 à 0^{fr},00............................	0 ,00
5 ,78	Persienne, bâtis chêne 0^{m},034 et lames sapin à 0^{fr},00..................................	0 ,00
	A reporter.......	0^{fr},00

	Report.....	0fr,00

EN LINÉAIRE.

21m,90	Stylobates sapin 0m,018 à 0m,33 trois pts à 0fr,00	0fr,00
8 ,60	Bâtis sapin 0m,041 × 0m,10 à 0fr,00...........	0 ,00
13, 76	— — 0m,041 × 0m,12 à 0fr,00...........	0 ,00
1 ,50	Alaise chêne 0m,027 × 0 07 à 0fr,00.........	0 ,00
5 ,10	Moulures sapin 0m,028 × 0m,05 à 0fr,00.......	0 ,00
29 ,20	Corniche volante sapin 0m,041 × 0m,21 à 0fr,00	0 ,00
4 ,50	Languette sur sapin à 0fr,00..................	0 ,00
	Les articles en argent portés dans le courant de ce mémoire s'élevant à................	0 ,00
	TOTAL......	0fr,00

Nous aurions pu présenter de vieux travaux comptés en argent, ou en attachements de journées d'ouvriers, mais nous pensons en avoir dit assez sur ce chapitre; il est d'ailleurs inutile et désavantageux de surcharger, par des redites, la mémoire des lecteurs.

FIN.

TABLE

FIN DE LA TABLE.

Corbeil. — Imprimerie de Crété.

www.ingramcontent.com/pod-product-compliance
Lightning Source LLC
LaVergne TN
LVHW011955180726
843502LV00005B/1429

* 9 7 8 2 3 2 9 4 9 7 2 4 2 *